学术研究专著

支护边坡动力特性与致灾机理数值分析及动力试验

赖 杰 刘 云 著

西北工業大學出版社

西 安

【内容简介】 本书首先从支护结构的动力试验出发，初步推导了模型试验在弹性阶段和塑性阶段需要满足的相似比，论证了根据试验目的选择不同材料相似比的必要性。其次通过大型振动台对比试验，得到了埋入式抗滑桩、减震抗滑桩、双排抗滑桩、抗滑桩锚杆联合支护结构以及减震抗滑桩的抗震性能、动力响应规律，分析了支护边坡的破坏演化过程。最后通过某抗滑桩和锚索联合支护边坡的工程实践，初步探讨了动力作用下极限剪应变的求法以及基于动力极限应变判据的边坡动力稳定性，分析了复合结构受力特点和边坡的破坏演化过程。

本书既可以作为理工科院校岩土、结构等相关专业的本科生、专科生学习隧道施工的相关教材，也可作为相关科研技术人员的参考书。

图书在版编目(CIP)数据

支护边坡动力特性与致灾机理数值分析及动力试验 / 赖杰，刘云著. —西安 ：西北工业大学出版社，2022.3
ISBN 978-7-5612-8134-5

Ⅰ.①支… Ⅱ.①赖… ②刘… Ⅲ.①边坡加固-岩土动力学-结构动力学-动力特性-研究 Ⅳ.①TU43

中国版本图书馆CIP数据核字(2022)第046189号

ZHIHU BIANPO DONGLI TEXING YU ZHIZAI JILI SHUZHI FENXI JI DONGLI SHIYAN
支护边坡动力特性与致灾机理数值分析及动力试验
赖 杰 刘 云 著

责任编辑：胡莉巾 **策划编辑**：杨 军
责任校对：王玉玲 **装帧设计**：李 飞
出版发行：西北工业大学出版社
通信地址：西安市友谊西路127号 邮编：710072
电 话：(029)88491757，88493844
网 址：www.nwpup.com
印 刷 者：西安五星印刷有限公司
开 本：710 mm×1 000 mm 1/16
印 张：8.5
字 数：166千字
版 次：2022年3月第1版 2022年3月第1次印刷
书 号：ISBN 978-7-5612-8134-5
定 价：48.00元

如有印装问题请与出版社联系调换

前　　言

我国西部属于山地地区，工程建设将遇到大量的高边坡工程，同时该地区地震发生频繁、烈度较高，在支护不及时的情况下，当暴雨、地震等作用时，极易诱发坡体变形破坏，严重威胁人们的生命财产安全，阻碍抢险救灾的进行。因此，开展边坡支护结构的抗震性能在施工期、使用期的安全稳定性研究具有重大的现实意义。

本书首先从支护结构的动力试验出发，初步推导了模型试验在弹性阶段和塑性阶段需要满足的相似比，论证了根据试验目的选择不同材料相似比的必要性。其次通过大型振动台对比试验，得到了埋入式抗滑桩、减震抗滑桩、双排抗滑桩、抗滑桩锚杆联合支护结构以及减震抗滑桩的抗震性能、动力响应规律，分析了支护边坡的破坏演化过程。最后通过某抗滑桩和锚索联合支护边坡的工程实践，初步探讨了动力作用下极限剪应变的求法以及基于动力极限应变判据的边坡动力稳定性，分析了复合结构受力特点和边坡的破坏演化过程。本书的主要创新成果如下：

(1)采用大型振动台对比试验得到了双排抗滑桩和抗滑桩-锚索联合支护边坡在地震作用下破坏的演化过程和动力响应规律。分析结果表明：坡体在地震作用下具有加速度放大效应，对于桩-锚杆联合支护的边坡而言，由于锚杆对地震作用产生拉应力的抵抗作用，坡体一般先在坡脚处产生剪切滑移裂缝，而无锚杆支护侧则首先在坡顶处发生受拉破坏；在强地震作用下，裂缝可能会向深层发展，引起整个结构体的稳定性下降。

(2) 探讨了减震抗滑桩的减震机理,通过与普通抗滑桩的振动台对比试验,得到了动土压力分布情况、动力响应规律以及支护边坡失稳破坏特点。试验结果表明:地震作用后,由于减震抗滑桩存在EPS垫层(减震层),吸收了部分地震能量,从而使减震抗滑桩自身的最终位移、滑坡推力以及内力均小于普通抗滑桩,保证了抗滑桩支护功能和后续抗震能力的发挥,提高了抗滑桩的抗震能力。

(3) 开展了单排抗滑桩联合支护边坡的工程实践,比较了超载法、拟静力法以及强度折减动力分析法得到边坡动力稳定性的异同点,探讨了基于动力极限应变判据进行边坡动力分析的过程,分析了边坡滑体初始开裂的位置和破坏演化过程。

本书由火箭军工程大学的赖杰、刘云撰写。具体编写分工如下:第1章和第4章～6章主要由赖杰执笔,第2章和3章主要由刘云执笔。

重庆交通大学的高峰、王成教授对本书的内容安排提出了宝贵意见,在此表示诚挚的感谢。在本书的撰写过程中,得到了李秀地、丛宇、辛建平、阿比尔的、向钰周、叶海林、邱陈瑜等人的大力支持,在此表示感谢。

限于水平,书中疏漏之处在所难免,欢迎广大读者和同行批评指正。

著　者

2021年8月

目　　录

第1章 绪 论

1.1 本书的研究意义

目前我国西部地区的经济在高速发展，而西部属于山地地区，工程建设将遇到大量的高边坡工程，同时该地区地震发生频繁、烈度较高，在支护不及时的情况下，当暴雨、地震等作用时极易诱发坡体变形破坏，严重威胁人们的生命财产安全，阻碍抢险救灾的进行。抗滑桩[1-2]作为一种新型的支护形式，桩身短，受力相对于全长桩更小，经济效益显著，已经在工程中得到了大量的运用。但是关于它的支护效果、抗震性能的研究相对较少，且严重落后于工程实践，不利于该类型桩的进一步发展。因此，本书将对其抗震性能等进行研究，希望能借此对工程实践起到一定的指导作用。目前，国内外学者在抗滑桩抗震领域的研究大多基于理论及数值模拟，其提出的许多结论需要试验验证，而针对抗滑桩支护边坡的抗震性能、破坏机制以及减震机理的大型试验较少，特别是双排桩及双排桩-锚杆联合支护体系的动力试验基本属于空白，难以满足实际的需要。

基于此，本书以单排抗滑桩、双排抗滑桩、减震抗滑桩为研究对象，开展单排抗滑桩、双排抗滑桩、抗滑桩-锚索联合支护体系、减震抗滑桩的振动台试验以及地震共同作用下的动力响应规律及稳定性分析，探讨双排抗滑桩支护边坡的破坏演化过程、减震抗滑桩的减震机理，得到双排抗滑桩与抗滑桩-锚索联合结构、普通抗滑桩与减震抗滑桩的抗震性能。研究成果可为边坡的抗震设计提供参考。

1.2 支护结构的研究现状

在我国西部地区，铁路、公路等工程建设中有大量的切坡工程，如果支护不及时，极易诱发坡体变形破坏，严重危害人们的生命财产安全，同时该地区地震较为频繁，地震作用下的边坡安全问题也日益突出，开展边坡支护结构的研究具有重要的理论和现实意义。支护结构按照结构类型的多少可以分为单一支护结构和复合支护结构，按照结构-土体相互作用关系和受力特点可以分为刚性支护结构、柔性支护结构和新型支护结构等。

目前许多学者开展了单一支护结构的研究，取得了丰硕的成果。其中，林杭等[3]通过数值模拟得到了锚杆支护边坡中锚杆的传力机理，分析了锚杆长度与滑面深度、边坡安全系数以及受力分析的相互关系；郝建斌等[4]为研究锚杆在地震作用下的动力特性，开展了振动台试验，得到了锚杆在不同位置的受力特征、频谱特性以及动应变规律；Sengupta[5]根据大量的工程实例总结了加筋土挡墙失稳的主要原因和失稳方式；Lazhar 等[6]建立了加筋土挡墙中筋带受力模型，得到了筋带内力分布与挡墙高度、筋带间距之间的关系，再利用数值模拟分析了加筋土挡墙的稳定性；叶海林等[7]利用数值模拟结合强度折减动力分析法，探讨了锚杆的间距、安装角、锚固长度、锚杆直径以及位置等因素对支护边坡动力稳定性的影响；唐晓松等[8]开展了格栅加筋土挡墙的稳定性分析，深入研究了筋带-土之间的相互作用、筋带长度以及填土强度参数对稳定性的影响；Hajimollaali 等[9]对边坡中抗滑桩的抗震性能进行了深入研究，提出了抗滑桩-边坡作用系统，建立了合理的边坡安全系数与抗滑桩侧向位移的关系，得到了地震作用下抗滑桩的作用机理；Muthukkumaran[10]针对无黏性土体边坡抗滑桩进行了大量的加载试验，研究表明，抗滑桩承受的荷载与其尺寸、位置密切相关，当桩间距大于 15 倍桩径时，其横向承载力将保持不变；Al-Defae 等[11]通过离心机试验对混凝土抗滑桩进行了研究，得到了抗滑桩应力应变动力响应规律、刚度与最大弯矩之间的关系以及抗滑桩的破裂位置；王聪聪等[12]利用 $FLAC^{3D}$ 软件对某抗滑桩支护填土边坡稳定性进行了分析，探讨了桩长、布置以及截面刚度对边坡稳定性的影响，得到了抗滑桩的剪力、弯矩分布特征。刚性支护中的重力式挡墙也是人们研究的重点。Talatahari 等[13]给出了重力式挡墙在地震作用下的受力模型，建立了一种能够优化抗震设计的系统方法，最终通过两个设计实例进行了验证；Chowdhury 等[14]结合拟静力法建立了重力式挡墙在地震作用下的平衡微分方程，给出了结构的刚度矩阵和质量矩阵的表达式，最后通过数值模拟对理论结果进行了验证;文畅平等[15]通过多组振动台试验分析了重力式挡墙在地震作用下的加速度、位移以及动土压力沿高程的响应规律,初步探讨了重力式挡墙的破坏模式。

复合支护结构由两种以上的结构组成,这种复合支护形式能够发挥不同结构类型的特点,对加固边滑坡、增强整体的抗震性能具有较大作用。其中,文畅平等[16]通过动力试验、理论推导,探讨了板桩结构、重力式挡墙复合结构以及多级支护结构的动力响应特点,得到了动位移、动加速度和动土压力,最后利用极限分析上限定理分析了支护结构的动力稳定性;赖杰等[17]通过振动台试验探讨了抗滑桩和锚杆联合支护结构的动力特性,得到了两种结构的加速度、位移以及抗滑桩受力规律;王新刚等[18]利用直剪试验得到了碎石土的基本力学参数,再通过数值模拟对西藏某抗滑桩锚杆联合支护碎石边坡的支护效果进行了研究;张俊等[19]给出了三种桩前抗滑力的计算方法(被动土压力法、弹性楔体法和滑移线法),通过工程算例优化了锚杆抗滑桩的嵌固深度;李寻昌等[20]在抗滑桩锚杆的室内静力试验中采用 3 种不同的加载形式,探讨了锚杆对抗滑桩受力性能的改善情况,得到了抗滑桩的推力和抗力的分布形式。

除了传统的边坡支护结构外,部分学者还开展了新型支护结构的相关研究。何思明等[21]、王培勇等[22]分别提出了一种新的抗滑桩支护形式,通过在桩身后添加 EPS 材料,使得抗滑桩具有减震和受力更小的特点;欧明喜[23]针对双排门架式抗滑桩的不足对其进行了必要改进,提出了 h 型抗滑桩,通过理论推导、室内试验对 h 型抗滑桩的支护效果进行了验证;Bathurst 等[24]提出了在刚性重力式挡墙后设置 EPS 垫层,以此减震消能,减小结构受力,并通过振动台试验进行了论证;王凯等[25]针对悬臂式抗滑桩的不足之处,提出了一种新的抗滑桩支护形式——捆绑式抗滑桩,并通过模型试验证明了这种抗滑桩的优良性能;苏媛媛等[26]总结了微型抗滑桩的基本受力模型(压力法、位移法、曲线法以及等效法等),分析了微型桩的合理间距和适用范围;胡会星[27]针对铁路工程填方高、变形要求严格的特点,提出了一种新的组合支护结构,该结构融合了双排抗滑桩和板椅式结构两者的优点,通过理论推导得到了新型结构在不同情况下的内力分布情况。

1.2.1 地震作用

地震是地壳运动将所积累能量释放的一种自然现象或是人类活动造成的地面表层振动[28]。地震释放的能量大、持续时间短、影响范围广,造成的损失非常巨大,严重威胁人类的生命和财产安全。表 1.1 给出了近年来全球发生的震级较高、破坏范围广的典型地震。其中2008年我国四川汶川地震是21世纪以来中国遭遇的破坏最为严重、损失最大的地震之一，该地震为逆冲-走滑型浅源地震，震级为8.0级，持续时间长，地面响应剧烈[29]，造成了大量的山体滑坡、地面开裂、桥梁隧道损坏、房屋倒塌和砂土液化，受灾人数4 625万人，遇难人数超过8万人，直接经济损失达到8 451亿元；2010年发生的海地地震造成港口、建筑物损毁严重，死亡人数超过20万人，经济损失超过10亿美元；2011年3月的东日本9.0级地震，引发海啸和核泄漏，造成15 884人遇难，2 633人失踪，几十万人流离失所，经济损失超过2 000亿美元。

表1.1　近年来全球发生的典型地震一览表

时间	地震名称	震级	造成人员和财产损失
2005年10月8日	巴基斯坦克什米尔地震	7.6级	7.3万以上人员死亡
2005年3月28日	印尼苏门答腊岛地震	8.7级	约1 000人遇难
2006年5月27日	印度尼西亚地震	6.3级	约5 700人死亡
2007年7月16日	日本中部柏崎市地震	6.8级	7人死亡
2007年8月15日	秘鲁地震	8.0级	约510人死亡
2008年5月12日	中国四川省汶川地震	8.0级	超过8万人死亡，直接经济损失达到8 451亿人民币
2010年4月14日	中国青海省玉树地震	7.1级	2 000多人死亡
2010年1月12日	海地地震	7.3级	超过20万人死亡，财产损失超过10亿美元
2010年2月27日	智利大地震	8.8级	507人死亡
2009年9月30日	印尼苏门答腊地震	7.9级	1 115人死亡
2011年3月11日	东日本大地震	9.0级	15 884人遇难，2 633人失踪，经济损失超过2 000亿美元
2011年2月22日	新西兰克莱斯特彻奇地震	6.3级	185人死亡
2013年4月20日	中国四川省雅安地震	7.0级	约200人遇难
2015年7月3日	中国新疆地区地震	6.5级	3人死亡
2016年2月6日	中国台湾地区南部地震	7.3级	超过10人死亡

1.2.2 动力稳定性研究方法

1. 拟静力法

拟静力法就是将地震作用等效为静力作用，其地震作用的大小等于地震作用系数 K 乘以滑块的自重 W_i[30]。我国的《水工建筑物抗震设计规范》(DL 5073—2000)规定水平地震惯性力 F_i 可以表示为

$$F_i = a_h \xi G_{Ei} a_i / g \tag{1.1}$$

其中，ξ 为地震效应折减系数；G_{Ei} 为滑块重度(相当于 W_i)，a_h 为水平加速度；a_i 为动态分布系数(反映地震加速度放大效应)。对于式(1.1)，地震作用系数 $K_i = a_h \xi a_i / g$。在土石坝中，动态分布系数 a_i 与坝高 H 的关系如图1.1所示。

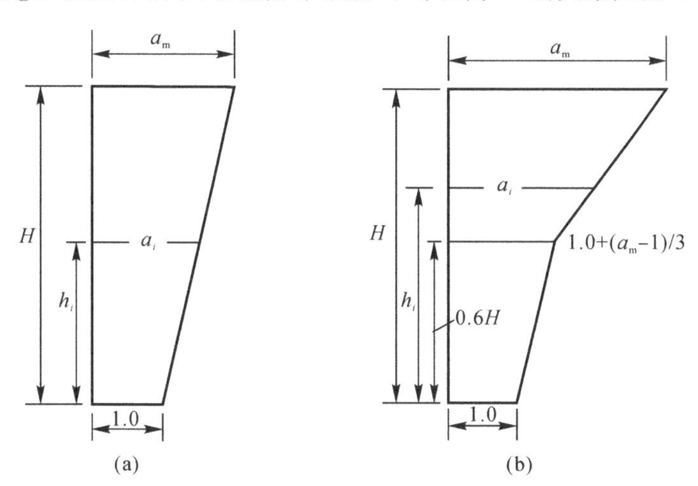

图1.1 a_i 与坝高之间关系

(a)$H \leqslant 40$m；(b)$H > 40$m

在《建筑边坡工程技术规范》(GB 50330—2013)中，规定边坡的动力稳定性分析采用极限平衡法和拟静力法，其地震作用荷载大小表示为[31]

$$Q_{ei} = a_w G_i \tag{1.2}$$

其中，Q_{ei} 为第 i 条土体重度；G_i 为坡高；a_w 为综合水平地震系数。

《公路工程抗震规范》(JTG B02—2013)则规定挡土结构在地震作用下的水平力可以用下式计算[32]：

$$E_{ih} = C_i C_z A_h \psi_i G_i / g \tag{1.3}$$

当 $0 \leqslant h_i \leqslant 0.6H$ 时，$\psi_i = h_i/(3H) + 1.0$；当 $0.6H < h_i \leqslant H$ 时，$\psi_i = 1.5h_i/H + 0.3$。其中，h_i 为计算界面到墙趾高度；A_h 为设计峰值加速度；C_i 为修正系

数;C_z 为综合影响系数。

由于拟静力法物理意义比较明确、方法简单,所以被广大学者运用于边坡、隧道以及基坑工程中。其中,邓东平等[33]基于拟静力法和非严格瑞典法对3种滑面形式(直线滑动面、圆弧滑动面、任意曲线滑动面)的边坡动力稳定性进行了分析,探讨了坡高、坡角、材料内摩擦角、黏聚力等对地震比例系数 ξ 的影响,最后将拟静力法引入到土钉支护边坡的动力稳定性分析中;Brodbaek 等[34]采用拟静力法,对沉箱防浪堤结构的动力稳定性进行了分析,得到了结构的内力分布和位移;Liam Finn 等[35]总结了近30年边坡稳定性计算方法,概括了拟静力法在大坝边坡动力稳定性计算中的优缺点;文畅平[36]根据边坡的基本形式在极限分析上限定理基础上,结合拟静力法,利用强度折减法对多层支护结构在地震作用下的动土压力敏感性因素进行了分析;晏启祥等[37]将拟静力法扩展到隧道的动力分析和抗震设计中,得到了隧道衬砌的内力分布和位移;Khosravi 等[38]探讨了拟静力法在边坡的动力分析中的失稳判断方法,认为剪切塑性区贯通是边坡破坏的必要条件; Jonathan 等[39]将拟静力法运用于边坡的动力稳定性分析中,得到了边坡地震永久位移与屈服系数、阻尼比之间的关系。

尽管拟静力法在地下工程中得到了广泛运用,取得了丰硕的成果,但拟静力法自身也存在一定不足:该法不能很好地体现土体在动力荷载作用下的特性;采用该法得到的边坡动力安全系数只与地震幅值有关,而与持时、频率、土体的响应规律无关;边坡的失稳模型采用的静力作用的方法,其计算结果可靠性较差。

2. Newmark 法

为了更加合理地评价边坡在地震作用下的安全情况,Newmark[40]于1965年提出了著名的 Newmark 法,该法认为,当施加在滑块上的加速度大于临界加速度 A_c 时,滑块将发生瞬时滑动,地震的反复作用最终使滑体产生永久滑移,根据岩土体在地震作用下的永久变形量来评价边坡地震稳定性。Newmark 法理论清晰、方法简单,但也存在一定的不足之处:

(1)假定滑块为刚体,忽略了地震作用下岩土体本身的变形。

(2)由于屈服加速度主要通过静力作用下的极限平衡法求得,无法反映地震中边坡的加速度放大效应,从而使得边坡安全系数的评价结果失真,影响结构安全。

(3)只考虑水平地震动作用,忽略了竖向地震动的影响,特别是针对近场断层边坡,永久位移误差将特别明显[41]。

为了弥补上述不足,国内外许多学者在 Newmark 工作的基础上开展了相关研究。其中,王秀英等[42]根据汶川地震台站中的理县滑坡数据,结合

Newmark 法，得到了斜坡的临界加速度，并认为该临界加速度与岩土体的抗剪强度参数密切相关；王涛等[43]基于 Newmark 法对汶川地震中的滑坡危险性进行了评估，阐述了当前评估方法的不足之处和改进的方法，建立了滑坡在地震作用下的位移分析力学模型；Steven 等[44]为弥补 Newmark 法不能分析滑体动力特性的不足，提出了修正的 Newmark 分析法，该法不仅能研究滑体在地震作用下的永久位移，还能得到滑体的动力响应规律；Al-Defae 等[45]将 Newmark 法引入到抗滑桩支护边坡的动力分析中，得到了抗滑桩弯矩分布与滑带深度的关系，最后通过离心机试验对计算结果进行了验证。

3. 时程分析法

近年来随着计算机技术和理论的不断发展，为提高计算效率，时程分析法常采用数值模拟的形式。由于数值时程分析法能够考虑土体的动力特性和地震波的传播规律[46]，计算结果比拟静力法和 Newmark 法更为合理[47]。该法逐渐成为地震、波浪、渗流等复杂作用下地下结构动力稳定性分析的有效手段[48]。当前，数值模拟的计算方法有有限元法、离散元法、边界元法等。岩土工作者可以根据研究对象的特性、目的，选取合适的计算方法进行时程分析。

有限元是地下工程动力时程分析中运用最广的方法。1943 年，Courant 首次提出有限元的概念[49]。1966 年，Clough 等[50]第一次采用了线弹性有限元法进行工程分析，得到了土石坝在地震作用下的动力响应规律。之后，有限元时程分析法得到不断发展[51]，能够加入动力边界条件、岩土体的非线性应力-应变关系以及动力波入射和传播规律等。其中，Mahdi 等[52]根据结构性黏土的各向异性本构关系，分析了地震作用下边坡的位移、应力响应规律，得到了边坡的最终破裂面位置；Andersen[53]根据黏土在循环荷载作用下的应力-应变关系，探讨了孔隙水压力的响应特点和海岸边坡的承载能力；刘红帅等[47]为了提高时程分析法的计算效率，提出了一种计算边坡地震安全系数的简化方法，并将其运用于某一典型边坡工程中；鲍鹏等[54]采用时程分析法对三维刚性桩复合地基的动力分布、位移响应以及加固位置进行了分析；王如宾等[55]基于时程分析法，探讨了复杂地质条件下地下厂房洞室动力响应和洞室的最小安全系数，扩展了时程分析法的运用范围。

因有限元法中模型的网格无法分开，无法准确模拟岩体裂隙的演化发展、块体的滚动和材料的非连续性，特别是有限元法往往基于小变形理论，对于大变形情况则误差较大，而离散元法可以很好地解决上述问题[56]。1971 年，离散元法由 Cundall 首次提出，之后 Cundall 又将该法用于模拟颗粒体的变形特点，计算结果同试验吻合很好[57]。离散元法自 Cundall 提出以来，就被广泛地运用于工程实践。其中,李海波等[58]采用离散元结合强度折减法对钟家湾岩质边坡进行了稳定性分析,得到了边坡动力安全系数与坡角、岩层倾角的关系;贾超等[59]利用3DEC软件建立了一个三维节理隧道模型,分析了节理隧道在动静力作用下的响应规律;王帅等[60]为探讨大岗山水电站地下洞室在地震作用下的稳定性,将节理面滑移吸收能 W 作为洞室失稳的判断指标,最后得到了洞室的破裂面位置以及节理面的应力时程曲线;郑允等[61]在UDEC4.0软件中编辑了可以描述爆破峰值加速度与爆心距、高差衰减相互关系的程序,再通过拟静力法得到了云浮硫铁矿边坡在地震作用下的安全系数、破坏模式和破裂面位置;王桂萱等[62]采用离散元对地震作用下的沉箱码头进行了分析,得到了沉箱码头的变形和破坏发展过程。

边界元法是在有限元法、离散元法之后发展起来的一种新的数值方法,计算模型在边界上划分单元以满足边界条件。与有限元法和离散元法相比,其网格数量更少,计算效率更高[63-64]。其他方法诸如流元法、非连续变形法等都在地下结构的稳定中得到应用。

相对于拟静力法和Newmark法,时程分析法能够考虑地震作用下结构的动力特性和响应规律,较以前的方法有了很大的进步,但在用时程分析法进行稳定性计算时,最终还是转化为了静力问题,它只能通过经验或静力的方法得到结构的最终破裂面[65-66],仍需进一步发展。

4.强度折减动力分析法

强度折减动力分析法[66-67]是由郑颖人等根据边坡在地震作用下的破坏现象、振动台试验以及数值模拟结果,提出的一种考虑岩土受拉破坏的全动力计算方法。该法是在强度折减法的基础上,考虑了地震作用特征,相对于传统的拟静力法和时程分析法,它的主要特点在于:地震作用荷载、破裂面的演化过程都处于动力条件下,边坡的安全系数也是根据整个动力计算过程进行判断的,较传统方法有较大进步。国内许多学者将强度折减动力分析法运用于工程实践中,如史石荣等[68]在ANSYS数值分析软件中,采用强度折减法对四川凉山罗家沟某边坡的动力稳定性进行了分析,得到了该边坡的动力安全系数;曹俊[69]针对我国建筑结构抗震规范的不足,将强度折减动力分析法引入到边坡的抗震设计中;刘云[70]探讨了强度折减动力分析法失稳准则和适用条件,并将该法运用于埋入式抗滑桩的内力和动力安全系数的计算,最后将计算运用于实际工程;赖杰等[71]探讨了地震作用下边坡的破坏特点和响应规律,同时采用强度折减动力分析得到锚杆-抗滑桩联合支护边坡的安全系数和破裂面位置,并将结果与传统稳定性分析法(时程分析、拟静力法)进行对比,验证了计算结果的可靠性。

5. 概率分析法

上述方法得到的地下结构安全系数，都是偏向于定性评价。而有些国内外学者持不同的思路[72]，他们认为：地下结构失稳是一种随机事件，引发地下结构失稳的因素是存在一定概率的，如果将地下结构看成一复合地质体，其含有大量不确定性信息。因此，他们认为对地下结构的失稳研究应采用统计分析方法[73]。其中，桂蕾[74]以 GeoStudio 软件为基础，结合概率分析，得到了三舟溪滑坡的整体和局部破坏概率；LI 等[75]给出了边坡破裂面位置和边坡整体破坏可靠性分析的数学表达式，通过某边坡实例探讨了边坡尺寸、强度参数对破裂面位置可靠性的影响；胡元鑫等[76]建立了反 Gamma 概率模型，基于该模型对 2008 年汶川地震诱发的滑坡概率密度进行评估，得到了滑坡概率密度与滑坡面积之间的相关关系；赵晓铭等[77]以广义 Darcy 定律为基础，再根据可靠度理论，建立了降雨条件下的滑坡失稳概率；Hamm 等[78]将 Latin Hypercube 样本法（LHS）引入到边坡失稳的敏感性因素的概率分析中，得到了不同因素造成失稳破坏的可能性指标；Miro 等[79]建立了盾构式隧道的有限元分析模型，为了保证计算参数的准确性，他们采用 Monte Carlo 法对参数的不确定性进行分析；Knabe 等[80]为深入分析隧道引发的地面位移，研究了隧道周围土体参数的随机性；Zanganeh 等[81]针对一个 6m 宽的水下隧道，利用 Monte Carlo 法分析了隧道安全系数与可靠性，建立了隧道不确定分析的一种综合分析法。

6. 试验分析法

模拟地震、波浪以及渗流等对结构的动力作用比较复杂，理论及数值计算结果是否可靠需要试验验证，同时试验数据又进一步推动理论和实践的发展。地下工程的动力试验一直是岩土工程界的热点、难点问题，模型相似比选取、试验材料的配比、边界面的处理以及动力荷载的施加等都直接影响试验结果。振动台试验、离心机试验、爆破试验、动力三轴及水槽试验（针对波浪、渗流）等都是目前常用的动力试验方法。

其中，叶海林等[82]通过振动台试验得到了裂缝的演化发展过程，证明边坡破裂面由上部的受拉破坏和下部的剪切破坏组成；杨国香等[83]采用振动台试验对顺层边坡、反倾边坡以及均质边坡的动力响应特征，破裂面位置以及影响因素进行了比较分析；赵安平等[84]深入研究了动力量纲相似规律，通过改变爆炸药量及钢筋数目，在爆破试验中模拟汶川地震波，最终得到了支护结构的动土压力分布；曲宏略[85]研究了桩板式组合结构的动力试验相似比，在振动台试验中输入汶川地震波，得到了桩板式组合结构的动力响应规律，最后将试验数据与数值分析结果进行了比较；黄胜[86]利用振动台试验对断层隧道的裂缝发展过程、响应规律以及减震措施进行了分析，得到了一些普遍规律；姚爱军等[87]采用动力试验对悬臂式抗滑桩的内力分布和动力响应进行了研究；赖杰等[88-89]通过双排抗滑桩的动力对比试验，得到了抗滑桩的内力分析、坡面加速度响应、裂缝的演化发展过程以及锚杆的内力响应规律；李祥龙[90]依据断裂力学原理总结了节理的扩展机制，建立了顺层、逆层和近水平层节理高边坡的破坏模型，最后通过离心机试验对该模型进行了验证；程嵩[91]建立了二维、三维河谷虚边界法，开展了面板堆石坝和组合坝的离心机振动台试验，最后将试验和理论结果运用于紫坪铺面板坝的动力分析；Nezili 等[92]通过动力离心机试验探讨了覆盖着饱和土层的交通隧道在爆破荷载作用下的动力响应规律，结果证明，爆炸造成了覆盖土层的部分液化，不利于隧道衬砌的安全。

本书在国家重点研究发展计划(973)项目(2011CB710603，2011CB013600)、国家自然科学基金(51378496，5117845)等项目资助下开展试验、理论和数值模拟工作，主要研究内容和结果如下：

(1)通过控制性方程和量纲分析法推导振动台试验、离心机试验的相似关系以及相似比，比较振动台试验、离心机试验各自的优缺点，指出试验需要改进的地方。

(2)利用大型振动台对比试验得到双排抗滑桩和抗滑桩-锚索联合支护体系在地震作用下结构失稳破坏的演化过程和动力响应规律。分析结果表明：坡体在地震作用下具有加速度放大效应；对于桩-锚杆联合支护的边坡而言，由于锚杆对地震拉应力的抵抗作用，坡体一般先在坡脚处产生剪切滑移裂缝，而无锚杆侧缺乏锚杆的支护作用，坡顶首先发生受拉破坏；在强地震作用下，可能会导致裂缝向深层岩体发展，引起整个结构体的稳定性下降。

(3)推导减震抗滑桩的减震机理，通过与普通抗滑桩的振动台对比试验，得到动土压力分布特点、动力响应规律以及支护边坡失稳破坏特点。试验表明：地震作用后，由于减震抗滑桩存在 EPS(Expanded PolyStyrene)垫层(减震层)，吸收部分地震能量，从而使减震抗滑桩自身的最终位移、滑坡推力以及内力均小于普通抗滑桩，提高了抗滑桩的可靠性，保证了抗滑桩支护功能和后续抗震能力的发挥。

第2章　动力作用下埋入式抗滑桩稳定性分析

2.1　引　　言

随着我国经济建设的飞速发展和西部大开发的不断深入，高铁、高速公路、城市改扩建、水利、矿山建设、军事和人防等涉及的边坡工程越来越多，工程规模也越来越大。由于岩土材料及工程地质条件本身的复杂性、对埋入式支护边坡破坏机理认识不足和现行设计施工理论落后于实践的事实，近年来对埋入式抗滑桩的研究逐渐兴起并深入。赵尚毅、郑颖人等[93]讨论了在静力条件下埋入式支护边坡的设计方法及当前存在的问题，提出了利用有限元强度折减法进行支护设计。近年来，特别是汶川地震以后，人们不仅关心在自重下边坡的稳定问题，更加关心地震下边坡是否安全，这就给边坡的设计提出了更高的要求。目前，支护边坡在地震作用下的稳定分析方法主要是基于极限平衡理论的拟静力法[94]及有限元时程分析法[95]。前者主要是将地震作用简化为一定方向上、施加于滑体重心上的恒定加速度，即将所产生的地震动作用转化为竖直和水平向的拟静力荷载因子，作用大小等于拟静力因子与加速度的乘积，最终将动力问题转化为静定的问题，但人为经验较多，缺乏必要的理论基础；后者尽管考虑了地震波的作用，具有一定的动力效应，但是在计算过程中主要是将每一时刻的动应力场视为静应力场施加到边坡上，然后按静力方法（即极限分析法）计算得到每一时刻的安全系数，最后得到安全系数时程曲线，以此来评价边坡的稳定性，这种方法本质上还是将动力问题转化成静力问题，地震边坡的动力效应无法完全体现，计算的结果往往偏于保守。基于目前地震作用下边坡稳定性分析的种种不足，郑颖人、叶海林等研究后提出了两种新的地震边坡稳定性分析方法[96]：第一种方法，对目前较为流行的有限元时程分析法进行了一定修正，将在地震作用下的剪切破裂面考虑为拉-剪组合破裂面，而不再是纯粹的剪切破裂面；第二种方法，将有限元强度折减法引入到动力计算中，提出了基于地震边坡动力稳定分析的完全动力有限元法，该法充分考虑了边坡的动力效应，计算得到的安全系数突破了过去转化为静力计算的方法，计算结果是完全考虑动力效应的，能够考虑岩土体与支护结构的共同作用及动力效应。本章将主要采用第二种方法，即完全动力有限元法，对埋入式抗滑桩支护边坡进行稳定性分析。

2.2 有限元强度折减完全动力分析法

2.2.1 方法简介

静力作用下的有限元强度折减法是将边坡体的抗剪强度指标 c 和 $\tan\varphi$ 分别折减 ω，减少为 c/ω 和 $\tan\varphi/\omega$，使边坡达到极限平衡状态，此时边坡的折减系数 ω 即为安全系数。目前该方法在静力条件下已经非常成熟。对 2008 年的汶川地震边坡破坏现象进行分析[97]，地震作用下的边坡破坏形式大多为拉-剪破坏，郑颖人等提出了在进行强度折减的时候增加抗拉强度的折减。在动力作用下的有限元强度折减完全动力分析主要利用下列两式进行：

$$c' = c/\omega, \varphi' = \mathrm{arc}(\tan\varphi/\omega) \tag{2.1}$$

$$\sigma^{t\prime} = \sigma^{t}/\omega \tag{2.2}$$

式中，c 为岩土体的黏聚力；φ 为摩擦角；ω 为折减系数；c'、φ'、$\sigma^{t\prime}$分别为折减后的黏聚力、内摩擦角及抗拉强度。

2.2.2 边坡失稳破坏的判断

采用强度折减法计算边坡的安全系数需要明确边坡发生破坏的条件。目前静力条件下边坡破坏有三个条件：以塑性区或者等效塑性应变从坡脚到坡顶贯通作为边坡整体失稳的标志，以滑移面上应变或位移发生突变作为边坡整体失稳的标志，以数值计算中静力平衡计算不收敛作为边坡整体失稳的标志。

在进行地震作用下边坡动力稳定性分析时，由于地震动本身的复杂性，主要根据以下三方面的破坏条件进行综合判断：

(1)破裂面是否贯通。主要是看剪切增量云图或者单元破坏状态图是否贯通。要特别说明的是，塑性区贯通只是边坡破坏的必要条件而非充分条件，在动力情况下也是如此，需要更多的条件来进行判断。

(2)潜在滑体位移是否突然增大。考虑到边坡在地震作用下,荷载是往复作用,且随着时间不断变化的,因此在地震过程中,边坡滑体的位移也是时刻变化的,这显然与静力问题有很大的不同,因此并不能凭借某一时刻位移发生突变判断此时边坡的安全状况。但是地震作用完毕之后的滑体的最终位移是否发生突变,还是可以作为破坏的判据(也可以从折减系数与位移关系曲线的突变来判断是否破坏)的。

(3)分析力和位移是否收敛,以地震后滑体的位移或者不平衡力发散作为动力边坡破坏的判据。

当遇上强烈的地震时,计算中有时会出现边坡已经破坏而位移仍然收敛的特殊情况,所以对这一个判断依据需要进一步的研究。因此研究动力问题时,应该同时采用上述三个条件,来判定边坡是否破坏。

2.3　地震作用下埋入式抗滑桩支护边坡破坏机制

为了更好地同静力下的边坡破坏机制进行比较,本章采用的数值模型(即算例)是一个简化的平面应变问题,坡高 26m,坡角为 23°,模型总高 36m,宽 85m,坡脚距模型右边界 36m,含有软弱夹层,夹层倾角靠近坡顶为 59°,靠近坡腰 23°,厚度为 0.5m。在边坡坡面共设有 5 个监测点 1～5,具体位置如图 2.1 所示。岩体及软弱夹层参数见表 2.1。

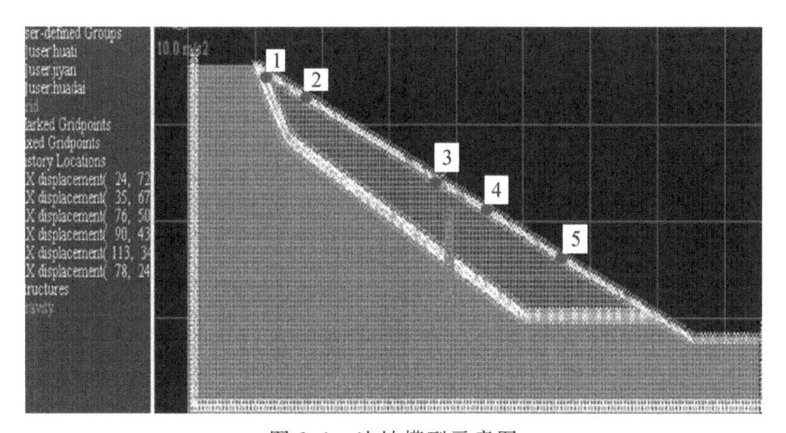

图 2.1　边坡模型示意图

表 2.1 材料的物理力学参数

材料	容重 kN/m³	黏聚力 kPa	内摩擦角 (°)	剪切模量 MPa	体积模量 MPa	抗拉强度 kPa
基岩	24.6	240	39	322	241.5	120*
软弱夹层	22	5	20	32	12.47	2*
滑体	22	10.5	31.5	52.24	26.53	5*
抗滑桩	25	按弹性材料处理		1 250	1 670	

注:带*的为经验值。

在进行地震作用下埋入式抗滑桩的数值模拟时,地震波采用双向输入,输入的波为经过过滤和基线校正处理的 EI Centro 波,峰值加速度的大小分别取 $0.1g$、$0.2g$、$0.3g$、$0.4g$,地震动持时为 8s,如图 2.2 所示。地震波输入时垂直向加速度峰值取水平向加速度峰值的 2/3。采用的材料为理想弹塑性材料,具体参数见表 2.1,屈服准则采用的是 Mohr-Coulomb 强度准则,边界条件采用自由场边界,阻尼采用局部阻尼,阻尼系数大小为 0.157。

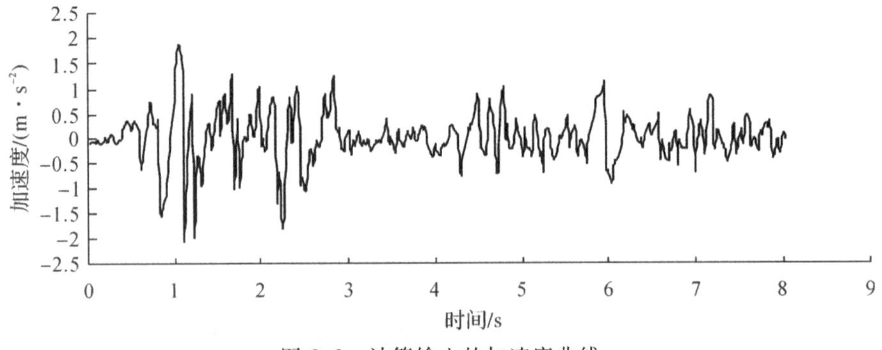

图 2.2 计算输入的加速度曲线

正如图 2.2 所示,由于地震作用是个连续的过程,大小、方向时刻都在变化,所以本节研究埋入式抗滑桩的破坏机理时,一方面通过观察地震不同时刻边坡的剪切应变增量的发展情况,另一方面通过监测点的位移时程曲线在地震结束后监测点位移是否收敛,判断边坡是否破坏。

2.3.1 不同时刻边坡的地震响应

为观察不同时刻边坡的剪切塑性区的变化情况,输入峰值大小为 $0.3g$ 的 EI Centro 波。

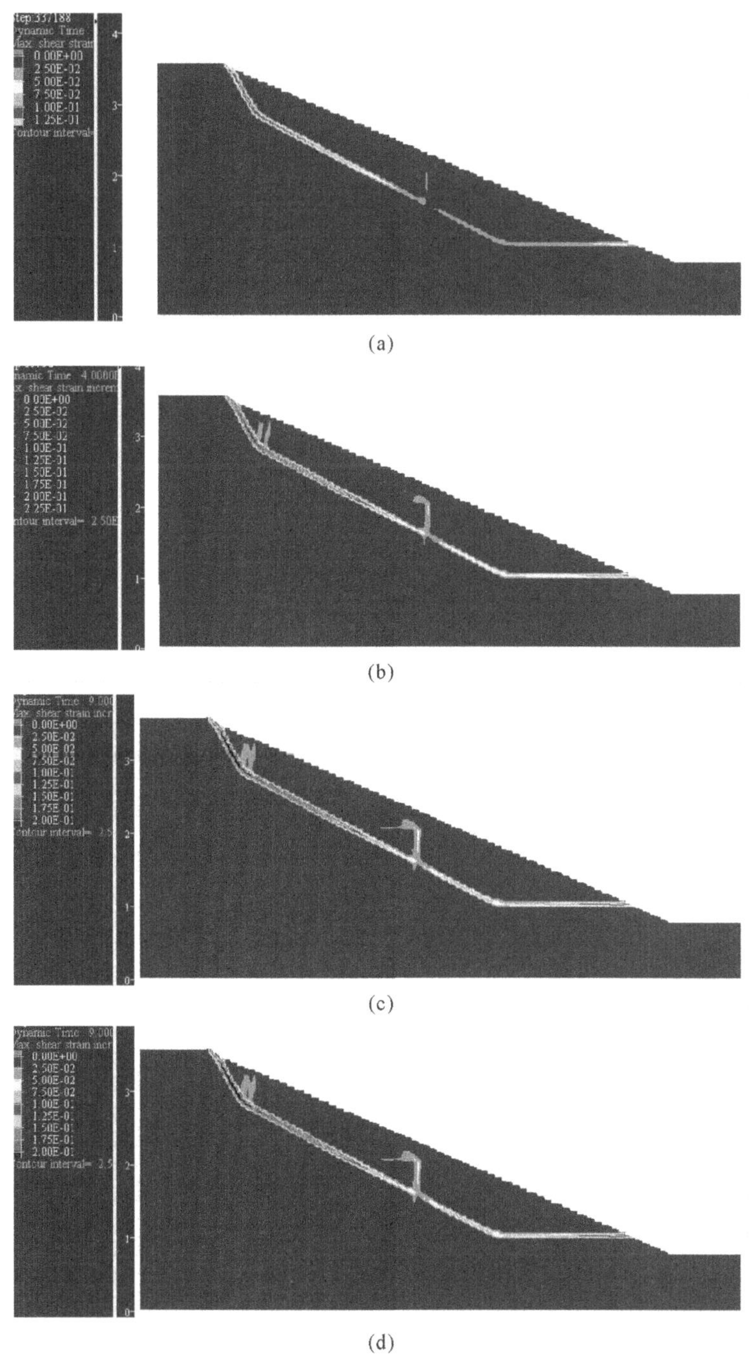

图 2.3　剪切增量在不同时刻的变化

(a)第 1s;(b)第 2s;(c)第 4s;(d)第 8s

图 2.3 对应的是地震时刻 1s、2s、4s 及地震完后的剪切增量云图，从图中可以看出：在第 1s 时刻，剪切增量首先出现在桩前土体；在第 2s 时刻，桩后土体也出现了剪切塑性区，该塑性区向下发展，还没有同下面贯通；在第 4s 时刻，桩前、桩后剪切塑性区贯通，而后继续发展。从剪切塑性区的发展情况上看，边坡动力失稳可能是从桩前开始到滑体整体破坏结束。由于地震动本身的复杂性，剪切塑性区的贯通并不代表着边坡已经破坏，还需要结合其他条件进行判断。

2.3.2 不同时刻埋入式抗滑桩的动应力

由于地震作用荷载往复变化，故而埋入式抗滑桩桩身受力情况也是变化的，如图 2.4 所示。

从图 2.4 和图 2.5 可以看出，在地震的不同时刻，弯矩及剪力的分布同静力条件下相似，剪力在滑带上、下呈三角形分布，弯矩呈抛物线分布，都是在滑带与基岩的交界面附近动应力取得最大值。将不同时刻桩身受力（剪力、弯矩）情况归纳于表 2.2 中。

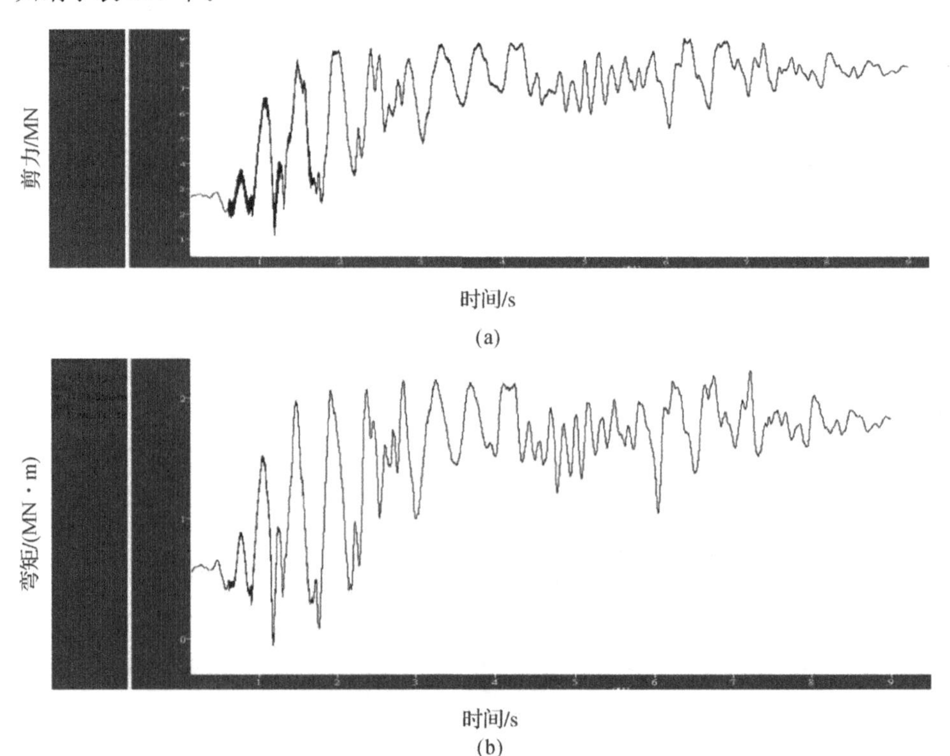

图 2.4　滑带处桩身（埋入式桩）受力曲线

(a)剪力时程曲线；(b)弯矩时程曲线

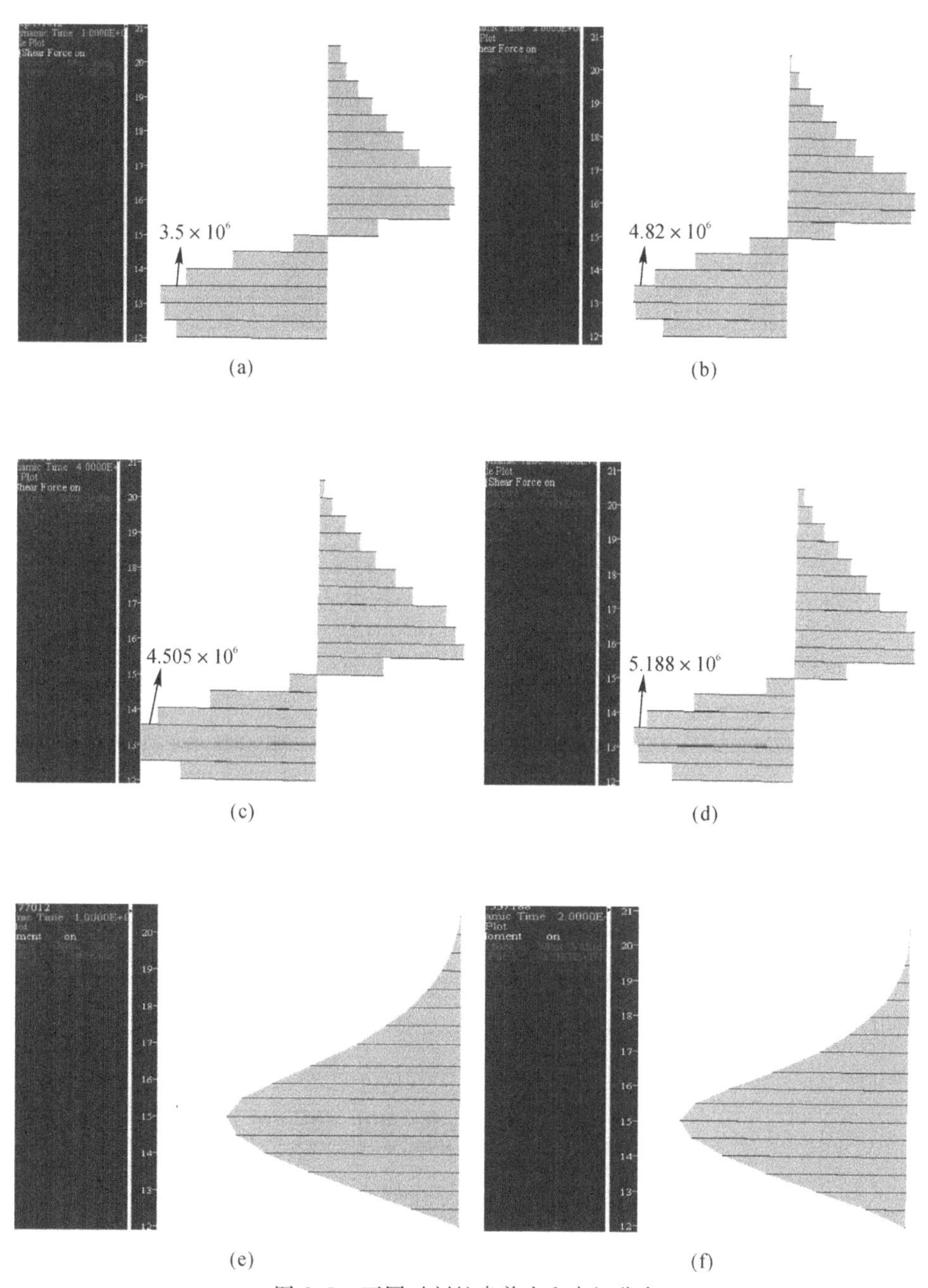

图 2.5　不同时刻桩身剪力和弯矩分布

(a)第 1s 剪力分布；(b)第 2s 剪力分布；(c)第 4s 剪力分布；
(d)第 8s 剪力分布；(e)第 1s 弯矩分布；(f)第 2s 弯矩分布

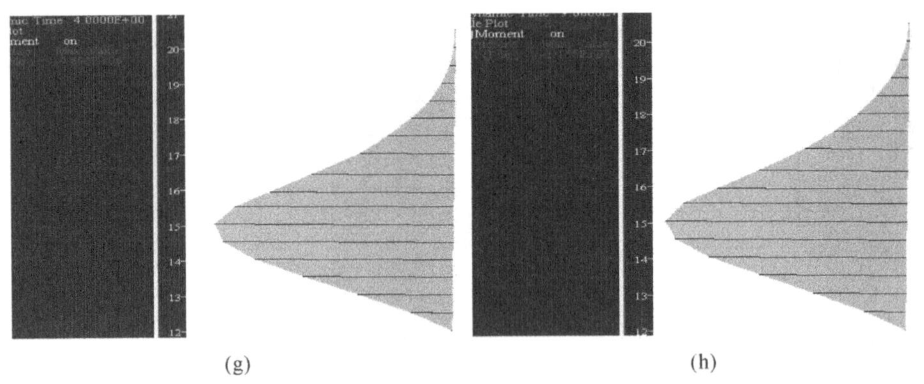

(g) (h)

续图 2.5 不同时刻桩身剪力和弯矩分布

(g)第 4s 弯矩分布;(h)第 8s 弯矩分布

表 2.2 地震动下不同时刻桩身受力

桩身受力类型	地震动时刻			
	1s	2s	4s	8s
剪力/kN	3 509	4 829	4 505	5 188
弯矩/(kN·m)	7 849	10 870	9 890	11 550

从表 2.2 中可以看出,剪力及弯矩大体都是随着地震的进行不断增大,震动完后达到最大值。其中在地震的第 2s 时刻桩身受力高于第 4s 时刻,主要是因为该时刻(第 2s)的地震波峰值高于后者,桩身发生了一定的弹性回弹,受力减小。随着地震的进行,岩土体的塑性区不断扩展,土体材料发生损伤强度降低,故而在地震完时受力往往最大。

2.4 失稳判断

从图 2.6 可以看出,在地震作用完后,基岩及监测点 1,2 的位移都已收敛,表明此时边坡还是稳定的,而图 2.3 显示此时的剪切塑性区已经贯通,因此在动力作用下塑性区贯通仍然只是边坡破坏的必要条件。

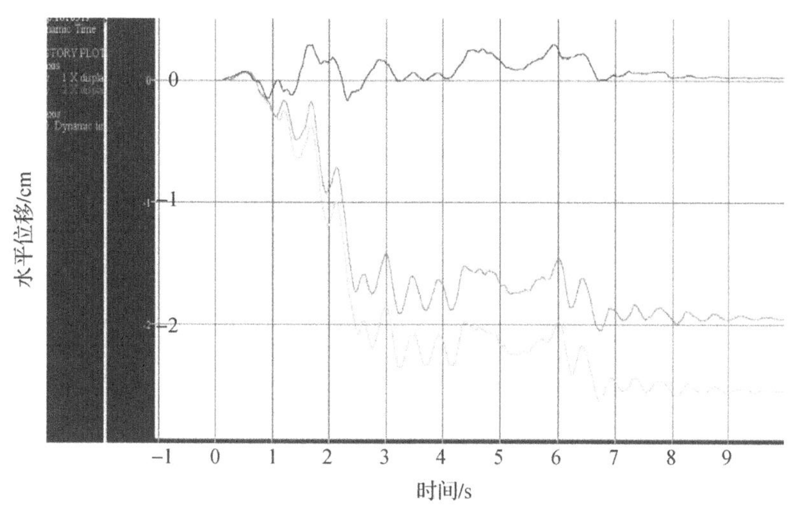

图 2.6　监测点水平位移时程曲线(0.3g)

2.5　动力作用下埋入式抗滑桩支护性能研究

本节利用完全动力有限元强度折减法，通过对比采用全长桩、埋入式抗滑桩支护后的同一边坡地震动稳定性及对应的桩身受力情况，得到埋入式抗滑桩在地震下支护性能的优缺点，为以后的工程实践提供一定的参考。全长桩模型与 2.4 节中一样，监测点位置及编号与埋入式相同，如图 2.7 所示。数值模拟时输入的地震波为 Linghe 波，在地震作用下两种支护形式地震响应不同步，波形如图 2.8 所示。

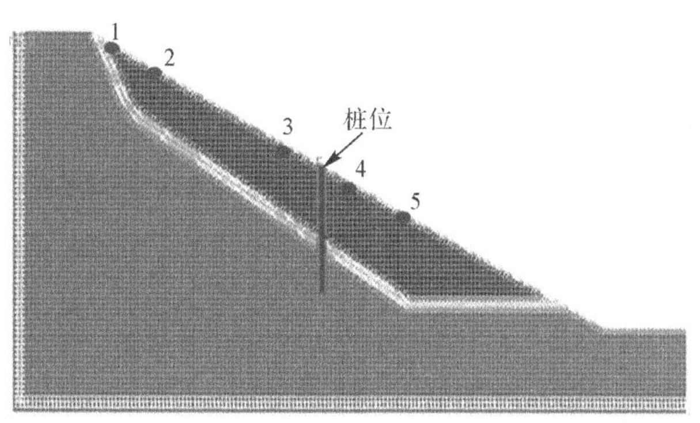

图 2.7　全长桩支护边坡示意图

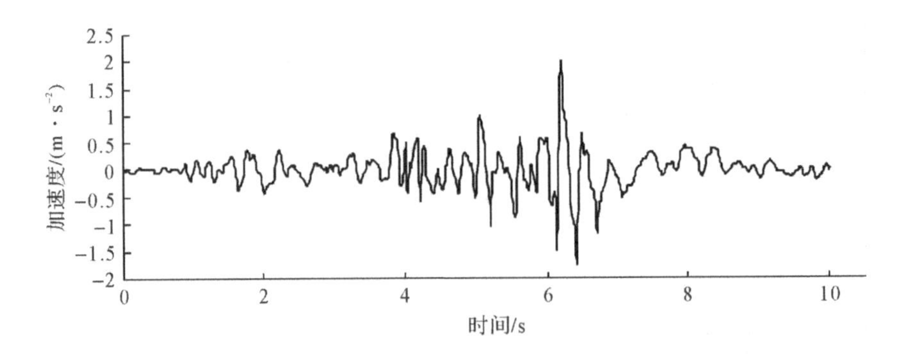

图 2.8　计算输入的 Linghe 波加速度曲线

2.5.1　桩身受力比较

当输入峰值加速度大小为 0.2g 的双向 Linghe 地震波时，同埋入式抗滑桩一样，全长桩的桩身受力随着地震的进行而不断变化。剪力及弯矩的变化形式较为接近，都是随着地震的进行呈增长的趋势，这同埋入式桩情况类似，如图 2.9 所示。

对全长桩及埋入式桩在 Linghe 波作用下不同时刻的桩身动应力分布进行比较，结果如图 2.10 和图 2.11 所示。

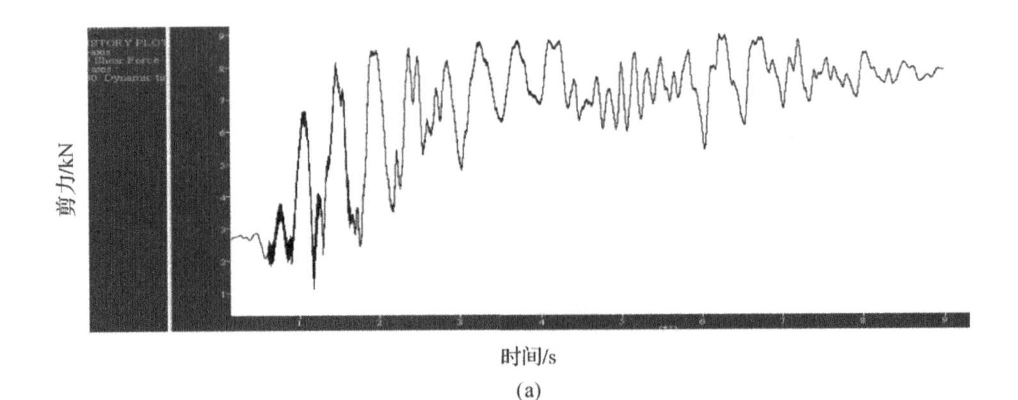

(a)

图 2.9　滑带处桩身受力曲线(全长桩)

(a)剪力时程曲线；

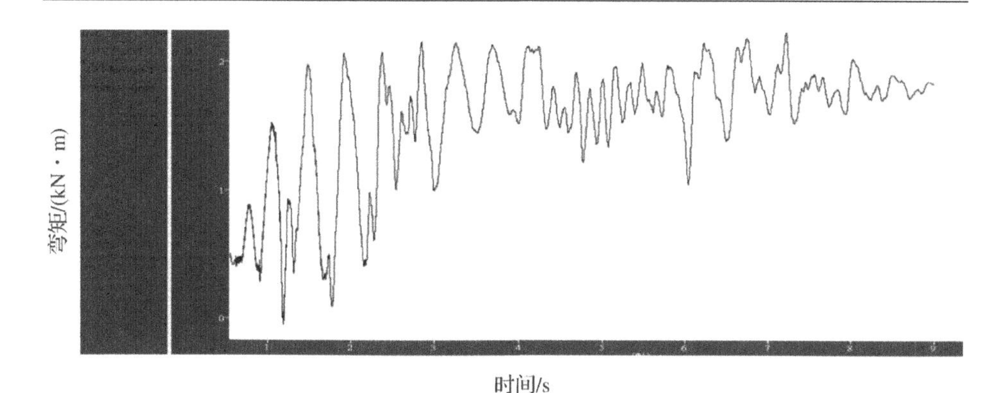

(b)

续图 2.9　滑带处桩身受力曲线(全长桩)

(b)弯矩时程曲线

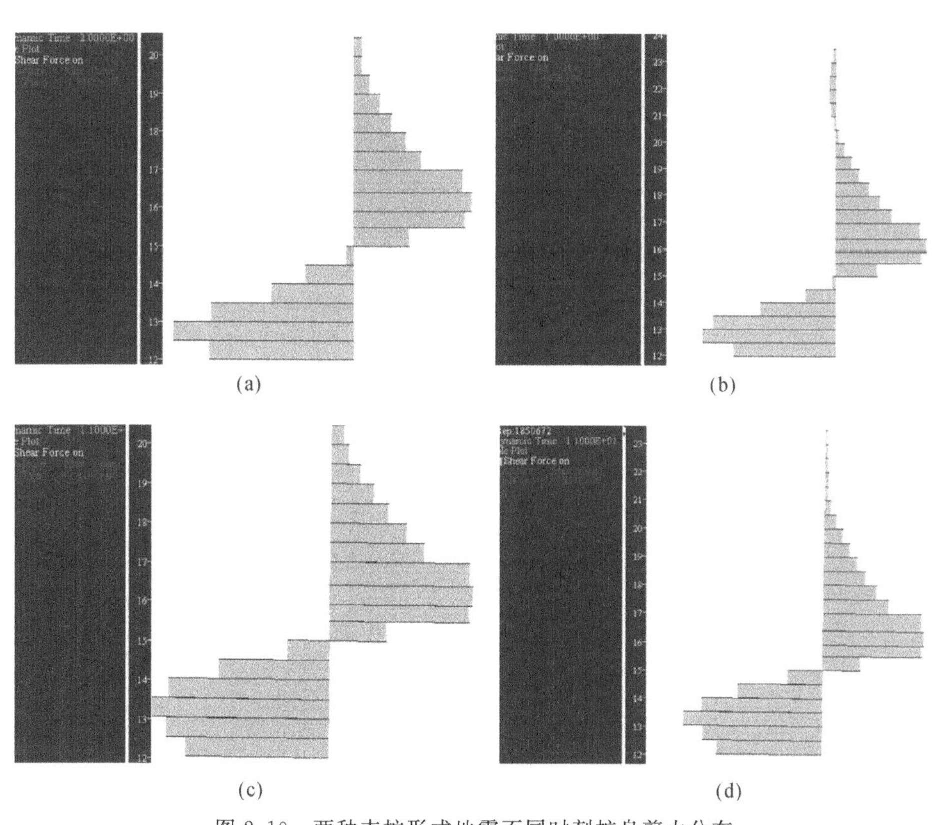

(a)　　(b)

(c)　　(d)

图 2.10　两种支护形式地震不同时刻桩身剪力分布

(a)震动第 2s 剪力分布(埋入式桩);(b)震动第 2s 剪力分布(全长桩);

(c)震动第 10s 剪力分布(埋入式桩);(d)震动第 10s 剪力分布(全长桩)

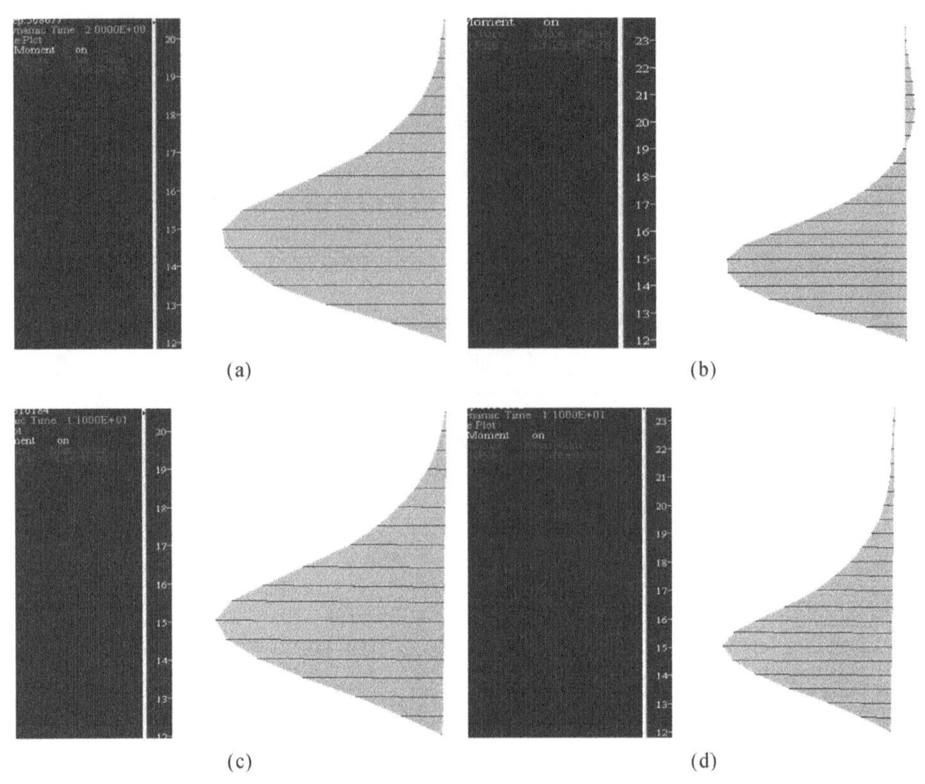

图 2.11　两种支护形式地震不同时刻桩身弯矩分布

(a)震动第 2s 弯矩分布(埋入式桩);(b)震动第 2s 弯矩分布(全长桩);

(c)震动第 10s 弯矩分布(埋入式桩);(d)震动第 10s 弯矩分布(全长桩)

从图 2.10 和图 2.11 可以发现,两种支护形式在不同时刻的桩身应力分布形状相似,都是剪力呈三角形分布,弯矩呈抛物线分布,在滑带附近应力到达最大值。地震完后(10s)埋入式抗滑桩剪力为 2 419kN,弯矩为 5 255kN・m;全长桩承受的剪力为 2 557kN,弯矩为 5 557kN・m。后者的桩身受力略大于前者,主要是因为全长桩靠近桩顶部分的受力较小,支护性能没有充分发挥。

2.5.2　坡面动力响应比较

1. 坡面加速度响应比较

地震动参数可以用地面质点的加速度、速度或位移的时间函数表述,地震作用下,边坡岩土体的加速度、速度、位移响应越大,表明地震作用效果越明显,边坡失稳破坏的可能性就越高。特别需要指出的是,有一种观点认为,坡顶加速度放大效应造成的较大水平地震力是导致边坡在地震作用下破坏的重要原因。如 Sergio 等以加利福尼亚 Pacoima 峡谷为例，证实了边坡顶部地形造成的加速度放大效应在地震诱发岩质边坡破坏情况下发挥重要作用[98]，因此对它们的研究是很有必要的。

图 2.12 显示出：当输入峰值加速度为 0.2g 的 Linghe 波时，两种支护类型的监测点 2 的加速度响应峰值分别为 7.4m/s^2、6.6m/s^2，0～4s 两者坡面加速度响应较小，在 4～8s 响应明显，同输入的地震波情况一致（见图 2.8），加速度放大效应明显。将坡面各监测点的加速度响应归纳于表 2.3 中。为了更好地体现坡面各监测点的加速度放大情况，将监测点响应加速度峰值（Peak Ground Acceleration，PGA）与输入加速度峰值 0.2g 的比值定义为 PGA 放大效应，不同监测点的 PGA 放大效应系数如图 2.13 所示。

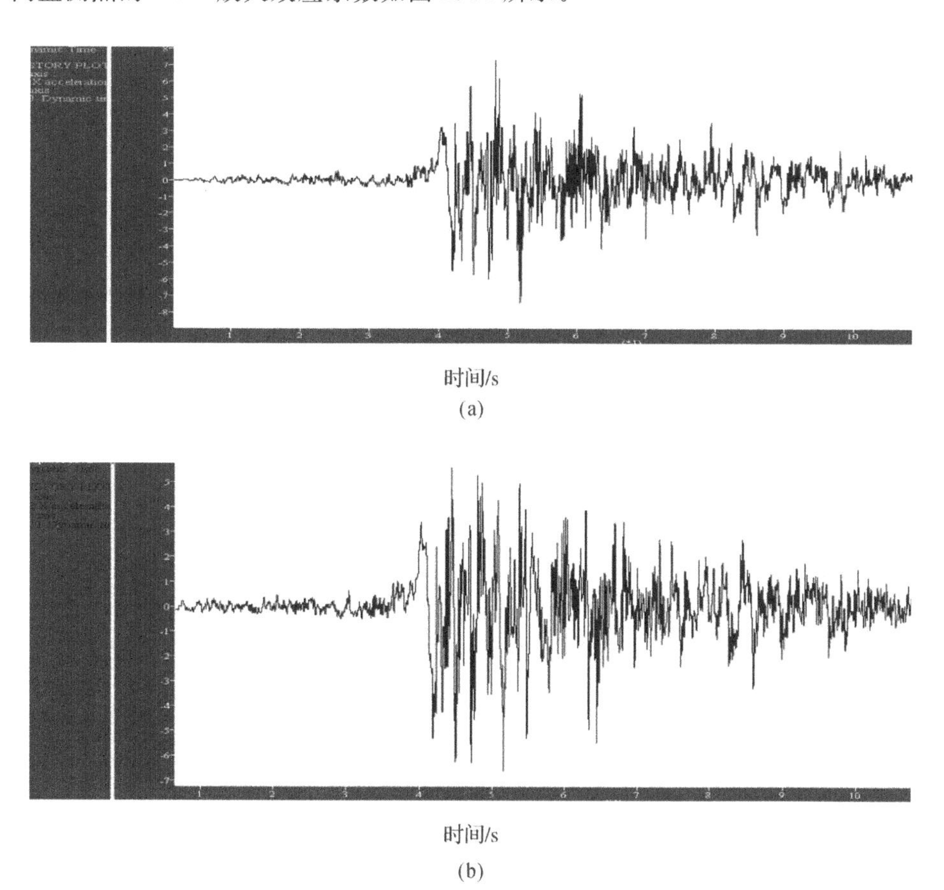

图 2.12　监测点 2 加速度时程曲线

(a)埋入式抗滑桩；(b)全长抗滑桩

表 2.3　不同监测点加速度响应

类型	输入地震波 峰值加速度/(m·s^{-2})	监测点加速度响应大小/(m·s^{-2})			
		监测点 1	监测点 2	监测点 3	监测点 4
埋入式抗滑桩	2	9.3	6.5	5.9	5.3
全长抗滑桩	2	8.5	7.4	6.2	5.8

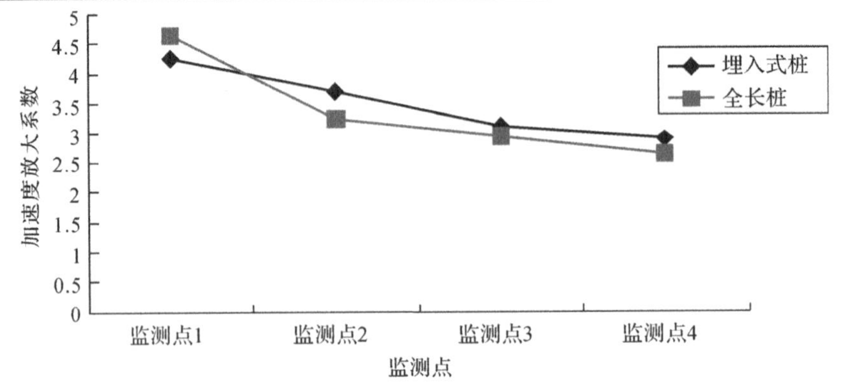

图 2.13　不同监测点 PGA 放大效应系数

表 2.3 及图 2.13 表明，不论是埋入式桩还是全长桩，坡面监测点位置越高，加速度放大效应越明显，放大效应在 3～5 倍之间。

2. 坡面位移响应比较

从图 2.14 可以看出，监测点位置越高，其地震完后的残余位移就越大，该响应情况同加速度响应情况类似。为了更好地体现坡面不同监测点位移放大的情况，同样将监测点 1～4 地震完后的最终水平位移同监测点 5 的比值定义为水平位移放大系数，结果见表 2.4。从表 2.4 中可知，监测点的放大系数为 1.3～1.9，监测点越高，位移放大效应越明显，埋入式抗滑桩的水平位移放大效应大于全长抗滑桩。

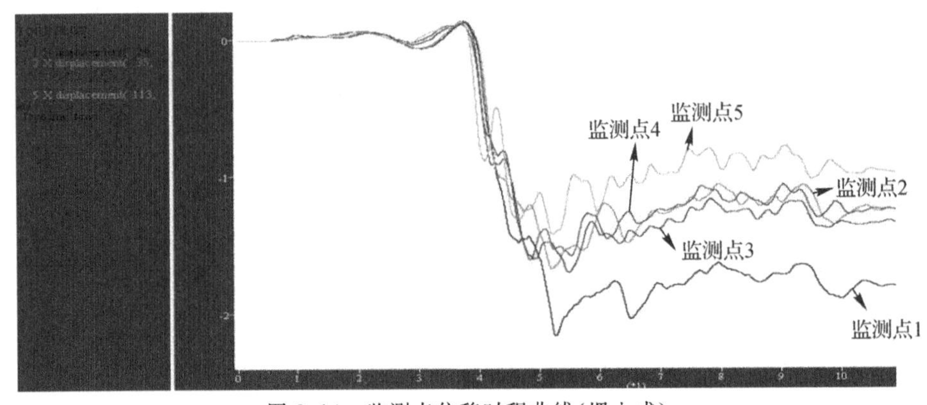

图 2.14　监测点位移时程曲线(埋入式)

表 2.4　不同监测点位移响应

类型	输入地震波峰值/($m\cdot s^{-2}$)	监测点位移响应大小/m			
		监测点 1	监测点 2	监测点 3	监测点 4
埋入式抗滑桩	2	1.87	1.5	1.42	1.39
全长抗滑桩	2	1.62	1.53	1.35	1.34

2.5.3　动力稳定性比较

本小节将利用完全动力有限元强度折减法计算埋入式抗滑桩及全长抗滑桩的安全系数，比较在相同折减系数下两者桩身受力大小及分布情况。采用完全动力有限元强度折减法时将边坡体的抗剪强度指标 c、$\tan\varphi$ 及抗力强度指标 σ^t 分别折减 ω，使边坡达到极限平衡状态，此时的折减系数 ω 即为边坡的安全系数。

1. 埋入式抗滑桩的动力安全系数

从图 2.15 可以看出，当折减系数为 1.12 时，地震后监测点 1～3 的最终位移发生突变，滑体很可能已经失稳破坏，初步判断边坡安全系数在 1.12～1.15 之间。

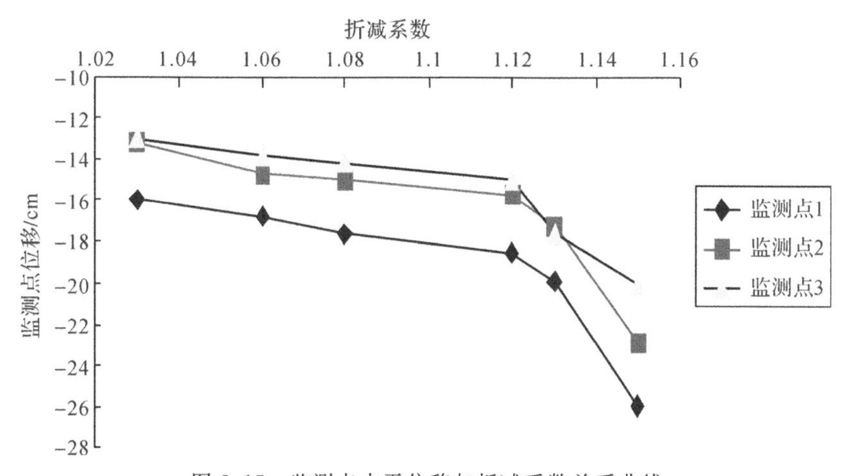

图 2.15　监测点水平位移与折减系数关系曲线

从图 2.16 中可以发现，当折减系数为 1.13 时，地震完后监测点 1～3 的位移不再收敛，持续增大，而基岩位移水平，即滑体相对于基岩向下滑动，因此可以判断边坡已经失稳破坏。从图 2.17 的剪切增量云图上看，此时的剪切塑性区已经贯通。

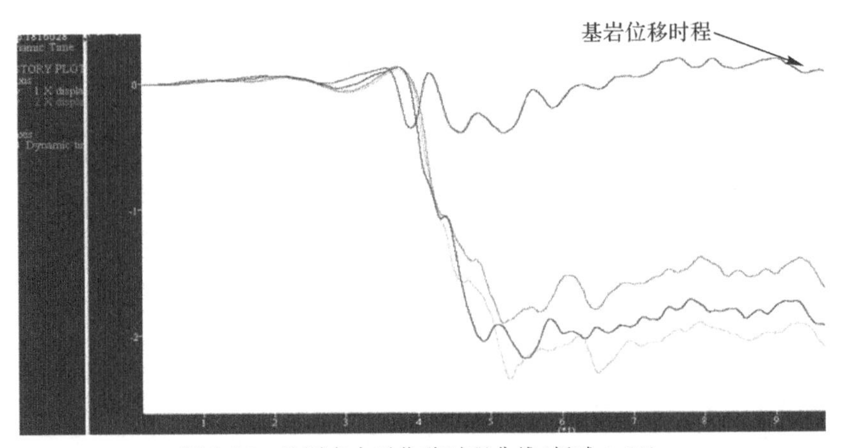

图 2.16　监测点水平位移时程曲线(折减 1.13)

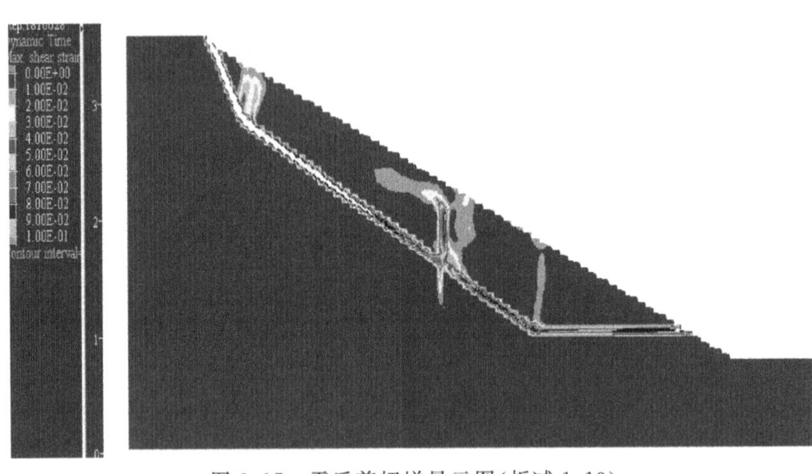

图 2.17　震后剪切增量云图(折减 1.13)

综上所述,按失稳判断准则,埋入式抗滑桩支护边坡在 Linghe 地震波(峰值 0.2g)作用下的动力安全系数为 1.12。

2. 全长式抗滑桩的动力安全系数

对于全长式抗滑桩而言,从图 2.18 可以看出,当折减系数为 1.15 时,地震后监测点 1～3 的最终位移发生突变,滑体很可能已经失稳破坏,边坡安全系数应该在 1.14～1.17 之间。

图 2.19 表明,当折减系数为 1.13 时,从监测点 1～3 的位移时程曲线可以看出,地震完后监测点的位移不收敛,而基岩位移收敛,滑体相对于基岩有进一步向下滑动的趋势,边坡已经失稳破坏。从图 2.20 的剪切增量云图上看,此时的剪切塑性区已经贯通。综上所述,全长式抗滑桩支护边坡在 Linghe 地震波(峰值 0.2g)作用下的动力安全系数为 1.14。

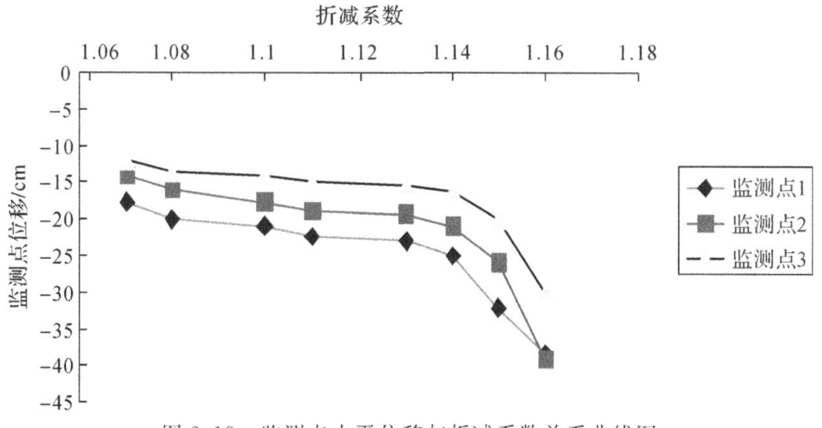

图 2.18　监测点水平位移与折减系数关系曲线图

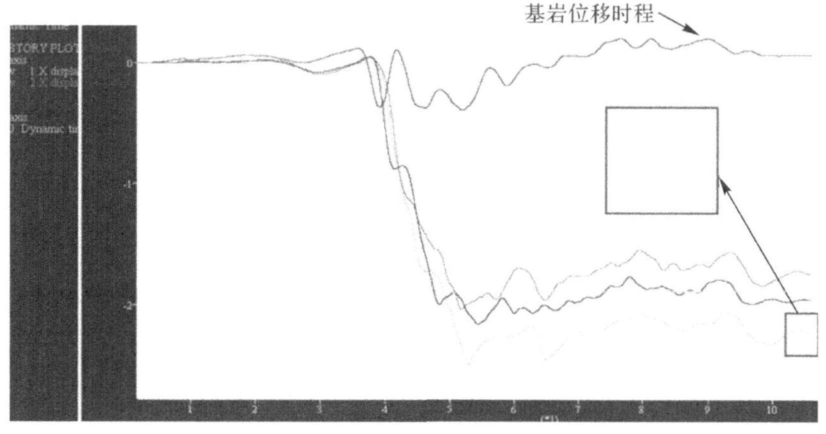

图 2.19　监测点水平位移时程曲线(折减 1.15)

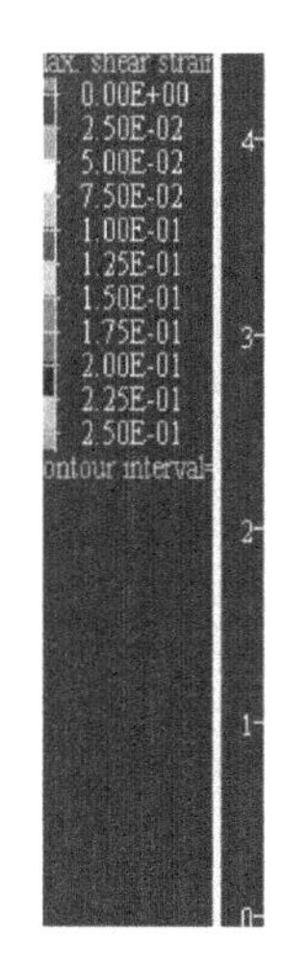

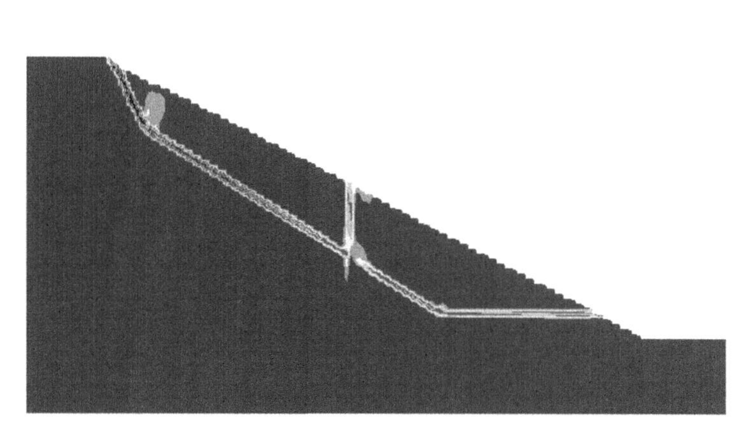

图 2.20　震后剪切增量云图(折减 1.15)

2.6 本章小结

本章采用有限元强度折减完全动力法，结合 FLAC 软件，计算了埋入式抗滑桩支护边坡地震作用下的动力响应，进行失稳破坏判断，并同全长桩在同一动力工况下进行支护性能比较，主要得到结论如下：

(1)地震作用下，由于地震荷载的往复作用，支护边坡的失稳破坏是一个渐进的过程，破坏准则较静力条件下更为复杂，应该结合多种判断准则判断边坡是否失稳。

(2)地震完后(10s)埋入式抗滑桩剪力为 2 419kN，弯矩为 5 255kN・m，全长桩承受的剪力为 2 557kN，弯矩为 5 557kN・m。后者的桩身受力略大于前者，主要是全长桩靠近桩顶部分的受力较小，支护性能没有充分发挥。

(3)对于埋入式桩，剪力及弯矩大体都是随着地震的进行不断增大，震动完后达到最大值，2s 时刻剪力为 4 829kN，弯矩为 10 870kN・m，4s 时刻剪力为 4 505kN，弯矩为 9 890kN・m，在地震的第 2s 时刻桩身受力大于第 4s 时刻，主要是因为该时刻(第 2s)的地震波峰值高于后者，桩身发生了一定的弹性回弹，受力减小。

(4)在地震作用下，支护边坡的动力响应具有放大效应。不论是埋入式桩还是全长桩，坡面监测点位置越高，加速度及位移放大效应越明显，放大效应在3～5 倍之间，埋入式抗滑桩的水平位移放大效应大于全长桩。

(5)在 Linghe 地震波(峰值 0.2g)作用下，埋入式抗滑桩支护边坡的动力稳定性为 1.12，全长桩为 1.14，埋入式抗滑桩动力稳定性略低于后者。

第3章 埋入式抗滑桩在工程中的运用

3.1 引 言

抗滑桩作为一种有效的支护方式，已经在国内外工程中得到大量运用，作为近年来兴起的一种抗滑桩新形式——埋入式抗滑桩，由于其相对全长桩受力小、桩长短、经济效应好，在我国西南地区得到了广泛的运用。其中，郑颖人、赵尚毅等人在武隆县滑坡工程中采用多排埋入式抗滑桩支护结构，取得了很好的支护效果和经济效益，使工程的总投资节约了大概1/3[99]，施工后现场的监测数据表明，桩体变形极小、受力合理，支护后边坡处于稳定状态。实践表明，该支护形式节省投资，亦能满足工程安全，值得推广。本章将通过重庆奉节至云阳段高速公路隧道边坡这一实际工程，利用前述提到的有限元强度折减法开展埋入式抗滑桩支护设计的相关研究，并通过现场监测数据对支护后的效果进行验证，研究过程对工程实践具有一定的指导意义。

3.2 工程概况

该工程项目位于重庆奉节至云阳段高速公路的隧道出口，设计隧道出口里程桩号左线为LK106+045，右线为RK106+080，左、右线均外接明洞，其中左线明洞长10m、右线明洞长20m。在右线隧道开挖进洞施工过程中，仰坡及洞口外侧均出现了垮塌，导致工期延误，为进一步查明隧道出口地段的坡体结构、地层岩性等情况，对坡体的稳定性及隧道开挖对坡体的影响进行评价，杜绝潜在的坡体病害对隧道的正常施工及今后安全运营的不利影响。工程建设方在该段坡体详细工程地质勘查的基础上，进行治理工程设计工作。根据地勘报告，该段坡体为一老滑坡，滑坡体前缘部分处于开挖坍塌后的边坡上，后缘位置位于坡体中部(即在砖房下面)的陡坎处,滑动方向为北偏西 70°,滑体为堆积层滑坡,具体如图 3.1 和图 3.2 所示。

图 3.1　隧道出口开挖边坡

图 3.2　洞口滑坡全景

图 3.3 表明,堆积体垮塌后,在滑坡体的后缘产生了大量的裂缝,如果遇上暴雨等不利天气,雨水渗入坡体,降低其抗剪能力,可能还会导致滑坡,并且滑坡体后缘靠近民房,一旦再次发生垮塌,后果不堪设想。因此无论是从隧道施工还是从人身安全角度考虑,都急需对该边坡进行支护处理。经过方案比选,采取抗滑桩对边坡进行支护,考虑到对全长桩没有进行合理的桩长设计,也可能因桩的长度过大而导致浪费,施工方最后确定了埋入式抗滑桩这一支

护形式。本章将开展这方面的研究，通过数值计算验证这种支护形式的合理性。

图3.3　滑坡后壁上的裂缝

根据勘察报告，该地区属构造侵蚀剥蚀低山地貌。堆积体呈东高西低的斜坡状，自东向西展布，主要堆积体的形态为“长簸箕”状。在该地区内，地形呈中部较缓、上下较陡的折线形坡面，有较平缓的台阶状平地分布在坡体中前部。堆积体后缘及两侧的边界的岩土材料均为基岩，高程为632m左右，前缘直抵冲沟的高程为455m，两者高差接近180m。

地层透水性较好，降雨可大量地渗入地下补给地下水，但由于崩坡积碎块石土的不均匀性，其入渗系数相差较大。地下水具有就近补给、就地排泄的特征，主要受大气降水和稻田灌溉水补给，地下水多在斜坡前部以下降泉或渗水湿地形式出露，向河沟排泄。地质构造上位于黄井背斜南翼。区内岩层产状：354°～8°∠56°～82°。未见断层构造，发育有三组节理。①组：产状110°～123°∠70°～88°，闭合，间距为1.00～1.50m，延伸大于5.00m，裂面平直，无充填，结合一般；②组：产状280°～300°∠57°～75°，闭合至微张，间距为0.50～1.00m，延伸5～10m，裂面平直，无充填，结合一般；③组：产状175°～195°∠57°～71°，裂隙微张，间距为0.50～1.00m，延伸5～10m，裂面平直，无充填，结合一般。滑坡区地层由崩坡积物覆盖，下伏残坡积层碎石土及三叠系上统须家河组砂岩。从上至下依次为：

(1)第四系残坡积物(Q4dl＋el)。它主要分布于相对较缓的斜坡地段，岩性主要为含碎石黏性土和碎石土等，灰黄色，主要由粉粒和黏粒组成，呈可塑状，含有少量的砂岩碎石，含量占15％～25％，分布不均。

(2)崩坡积堆积物(Q3col＋dl)碎块石土。它主要为褐黄色、灰黄色，由砂岩、泥质粉砂岩碎块石和黏性土组成，分布于整个斜坡区域，厚7.25～30.20m，平均厚度20m，块径一般为3～25cm，分布有大孤石，块径最大可达4.92m。块石中钻探时岩芯较为完整，但产状紊乱。块石土呈松散至稍密状，块石间的充填物多为高液限亚黏土成分，可塑至硬塑状。

(3)三叠系上统须家河组。长石石英砂岩为灰色，主要由石英、长石和云母等矿物组成，粉至细粒结构，中厚层状构造，钙、硅质胶结；强风化带岩芯多呈碎块状，厚度为0.50～4.25m；弱风化带岩为芯节长8～40cm的柱状，局部裂隙发育，岩芯呈碎块状，岩石强度较高，质较硬。该地质分布于整个隧道出口段。

(4)粉砂岩：灰至灰黄色，粉粒结构，薄层状构造，钙质胶结。矿物成分以长石为主，含少量的黏土矿物，主要分布在勘察区的北侧中部，厚度较小。煤层：黑色，为块状和碎屑状，呈金刚光泽，厚度变化大，一般为0.10～0.40m。

埋入式抗滑桩的桩体与刷方区的位置关系如图3.4所示，设计时采用三个典型断面进行计算，即Ⅰ—Ⅰ、Ⅱ—Ⅱ、Ⅲ—Ⅲ。本章将针对最危险的滑面Ⅱ—Ⅱ进行支护研究。

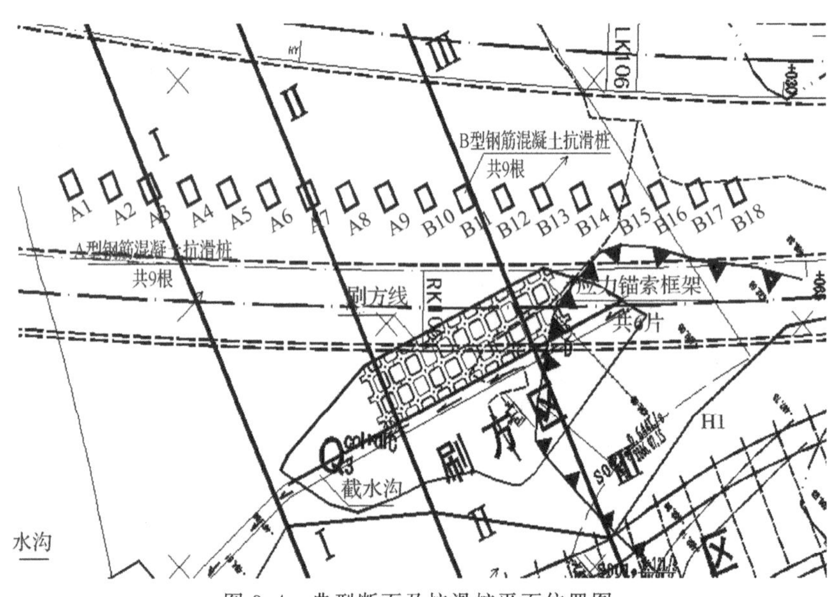

图3.4　典型断面及抗滑桩平面位置图

通过在洞口边坡上对碎块石土进行现场大剪试验及对不扰动土样进行室内试验，取得相应土体的物理力学性质指标，结果见表3.1。

表3.1　材料物理力学参数

材料名称	$\gamma/(kN\cdot m^{-3})$	E/Pa	ν	c/kPa	$\varphi/(°)$
滑床	26.2	0.818×10^{10}	0.28	1 250	39.1
滑带	22	3×10^{7}	0.35	15	14
滑体	22	1.5×10^{7}	0.35	20	23
重力式挡墙	22	4×10^{9}	0.15	按线弹性处理	
埋入式抗滑桩	25	3×10^{10}	0.2		
隧道衬砌	25	3×10^{10}	0.2		

3.2.1　数值分析模型建立

目前整个坡体基本稳定，只是洞口开挖引起部分土体坍塌。由于担心修建隧道时引起老滑坡的复活，对隧道产生不利的影响，故而在隧道前方设置埋入式抗滑桩，以此来抵抗老滑坡坡体的下滑力，并通过河岸及沟岸防护、填土反压、加设挡土墙等措施提高隧道前坡体的稳定性。由于滑坡体厚度最大达到35m之多，施工方原始方案采用全长桩，由于加上桩体的嵌固段，总的桩长可达50m左右，并且受力很大，桩体的截面和配筋量都极大，经济上难以承受。基于此，提出采用埋入式抗滑桩来进行边坡支护。该支护类型受力较前者更小，桩身截面及配筋也相应减小，减少了大量的投资。抗滑桩桩身截面尺寸为2.4m×3.6m，桩间距6m，典型断面及数值模拟的监测点位置如图3.5所示。

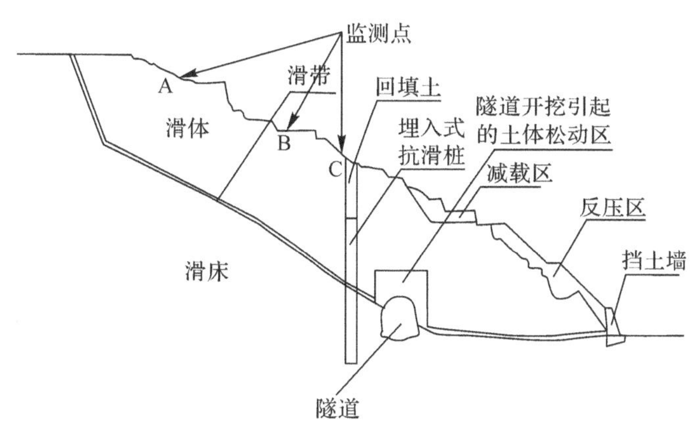

图3.5　边坡典型断面示意图

3.2.2 埋入式抗滑桩支护前、后边坡的稳定性

静力模型的边界约束为：上部为自由边界，左、右两侧为水平约束，底部为固定铰约束，数值分析模型如图 3.6 所示。

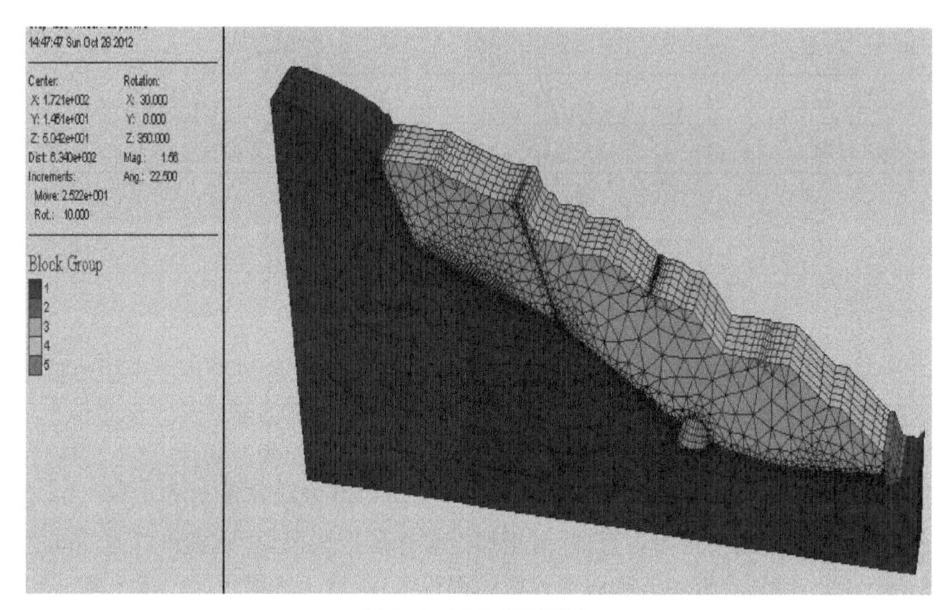

图 3.6　数值模拟网格

1. 支护前边坡的稳定性

工程实践中非常关心边坡是否安全，是否对人身财产有潜在的危害。因此，首先进行支护前原边坡体的安全系数计算，看能否满足边坡安全系数的要求。本小节利用有限元强度折减法计算支护前边坡的安全系数。

从监测点 A～C 的折减系数与位移关系曲线（见图 3.7）上看，当折减系数为 1.07 时，监测点 A～C 的水平位移发生突变，位移不再收敛，故而支护前的安全系数为 1.06，边坡处于暂时稳定状态。从破坏状态的水平位移云图及剪切增量云图（见图 3.8 和图 3.9）可以看出，边坡失稳破坏主要在沿着软弱夹层的位置，并且从图中亦可以看出，部分滑体从隧道顶越出，所以隧道右上方将受到很大的滑坡推力的作用，隧道本身也容易破坏，因此需要对边坡进行支护。

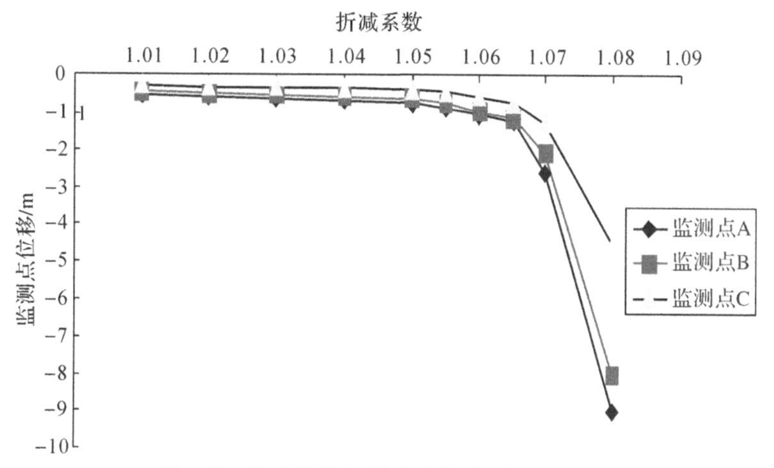

图 3.7　坡面监测点折减系数-位移关系曲线

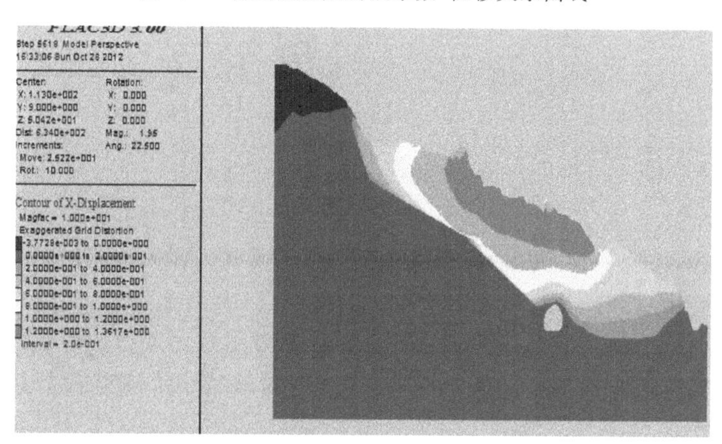

图 3.8　边坡破坏时水平位移云图(折减 1.07)

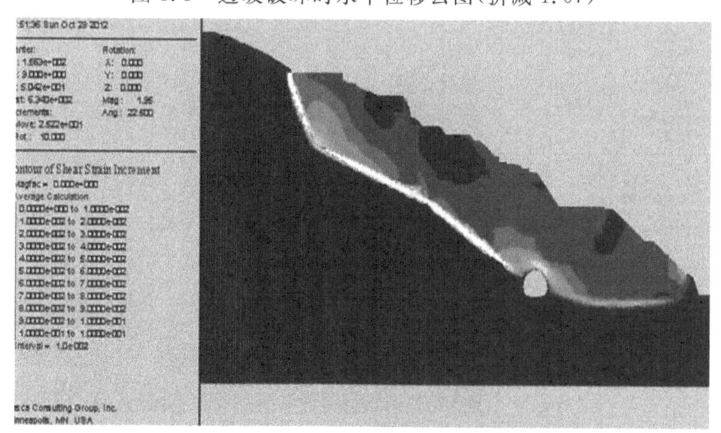

图 3.9　边坡破坏时剪切增量云图(折减 1.07)

2. 支护后边坡的稳定性

由前面的计算可知，边坡体在没有抗滑桩支护前，在施工期间不能满足安全性要求，滑坡体对隧道的安全存在很大的影响，因此需要对坡体进行必要的支护处理。本小节也是利用有限元强度折减法计算采用埋入式抗滑桩支护后边坡的安全系数能否满足设计要求。

数值模拟时的模型也是采用图 3.6 的模型，只是将埋入式桩的材料特性激活而已。图 3.10 表明，采用埋入式抗滑桩支护后，当折减系数为 1.45 时，监测点 A～C 的位移不再收敛，边坡失稳破坏，因此支护后边坡的安全系数为 1.44。此时边坡的安全性得到了很大的提高，能够满足相关规范的要求。

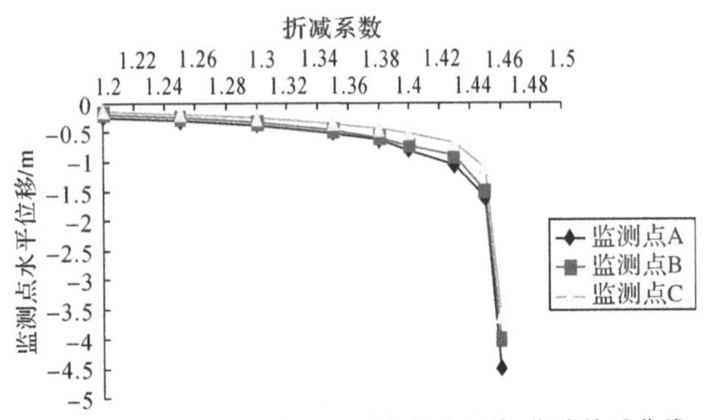

图 3.10　边坡支护后坡面监测点折减系数-位移关系曲线

从边坡破坏状态的水平位移云图（见图 3.11）及剪切增量云图（见图 3.12）可以看出，边坡最后的破坏形式是越顶破坏，即滑体从埋入式抗滑桩桩顶剪切滑出。埋入式抗滑桩改变了滑体的滑动方向，有效地减小了隧道右上方受到边坡失稳时滑体推力作用。

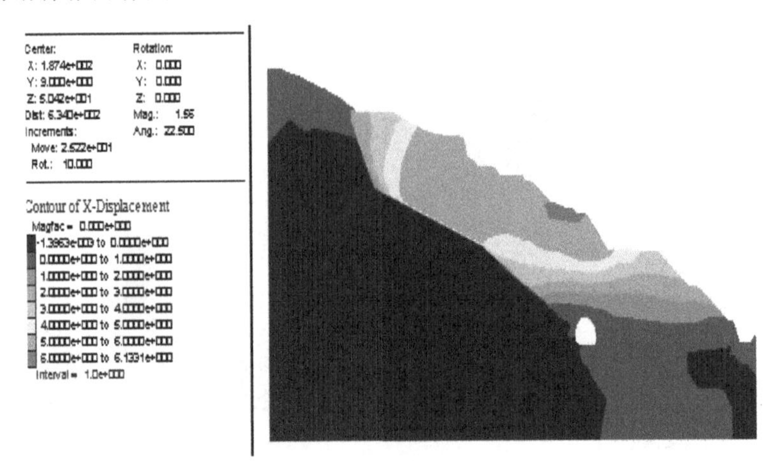

图 3.11　边坡水平位移云图（折减 1.46）

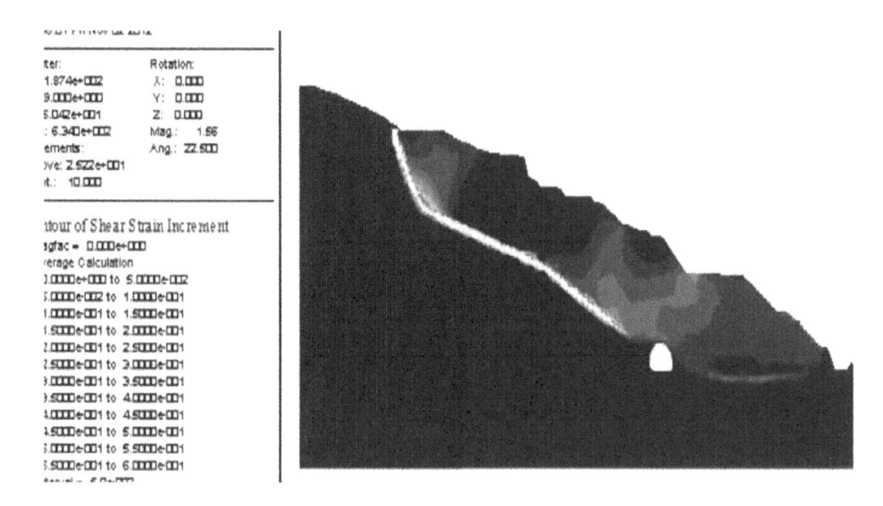

图3.12　边坡剪切增量云图(折减1.46)

3.2.3　埋入式抗滑桩的内力分析

按规范要求,该类型边坡只需要达到安全系数1.3的要求,故而取折减系数为1.3时对应的抗滑桩内力为设计值。

从图3.13及图3.14可以得到,当折减系数为1.3时,桩身剪力在滑带上、下约呈抛物线分布,弯矩在滑带附近取得最大值,也约呈抛物线分布。因边坡设计规范要求的边坡安全系数为1.3,故而本工程的设计剪力及弯矩大小为1 170kN、4 840kN·m。

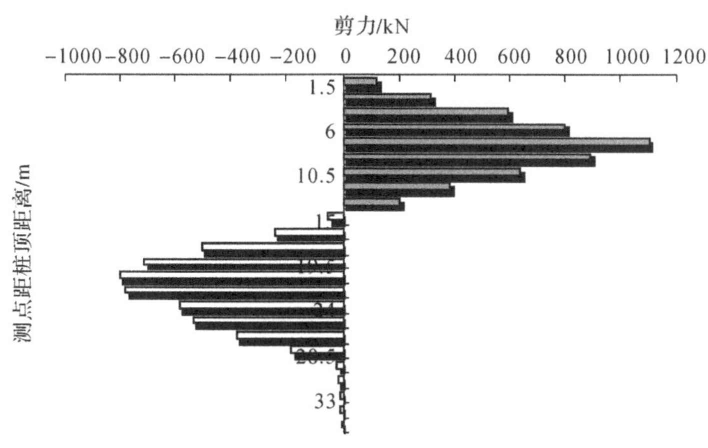

图3.13　桩身剪力分布(折减1.3)

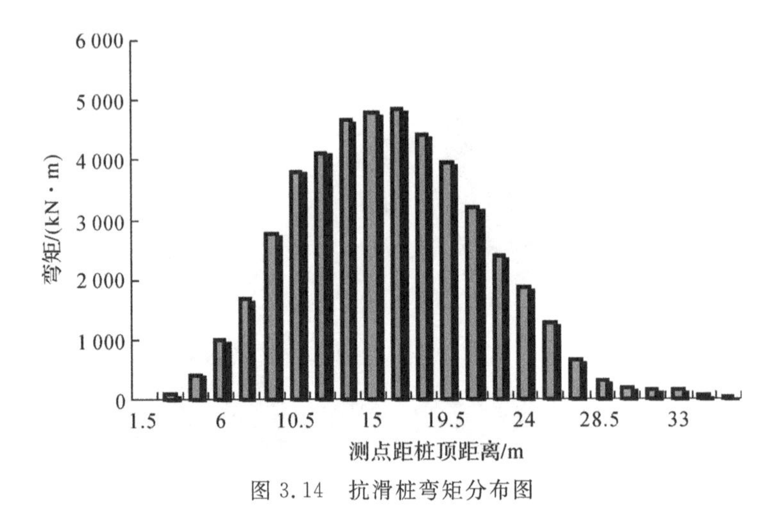

图 3.14　抗滑桩弯矩分布图

3.3　现场监测数据

除了前述的数值模拟外，还进行了现场监测数据的引用，一方面对工程治理效果进行评价、预警预报，确保施工及运营期间的安全可靠；另一方面，通过监测数据的分析，对工程的治理情况进行有效评价，验证埋入式抗滑桩支护的效果。通过现场监测土压力盒的数据得到抗滑桩岩土侧压力，以此研究桩身土压力分布情况；通过对抗滑桩前、后滑体不同深度位移的监测，得到不同深度滑体的位移，据此来分析支护后边坡是否稳定；通过在埋入式抗滑桩中埋入测斜管，监测抗滑桩桩体的位移，分析桩体本身是否稳定。

3.3.1　各监测点位置

1. 位移监测

(1)滑坡体不同深度的位移。根据滑坡体的主滑方向，分别在 A6 号(靠近典型断面Ⅱ－Ⅱ)和 B12 号埋入式抗滑桩的桩体前、后位置布置 4 个深孔位移监测孔，监测孔位置如图 3.15 所示。

(2)抗滑桩桩体的位移。监测抗滑桩桩体位移的测斜管的位置为 A6 及 B12 号埋入式抗滑桩，如图 3.15 所示。

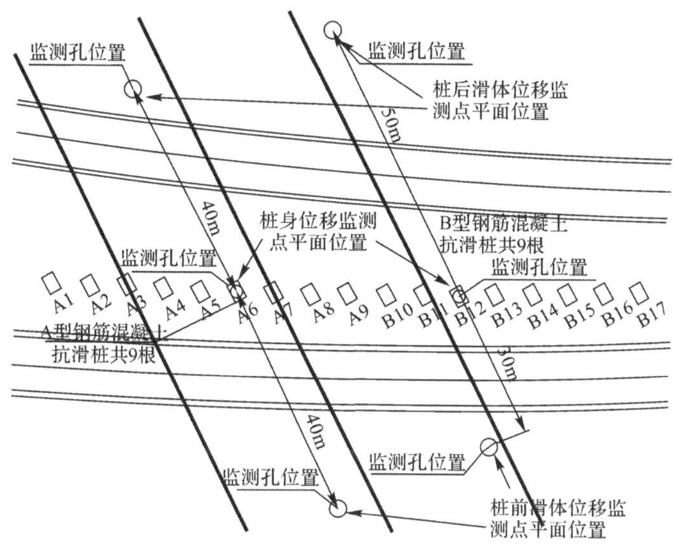

图 3.15　深孔位移监测孔位置图示

2. 埋入式抗滑桩土压力

如图 3.16 所示，分别在 A6 号和 B12 号埋入式抗滑桩的桩身前、后各安装一排土压力盒，其中滑面以上竖向间距为 2m，滑面以下竖向间距为 3m，桩前、桩后对称布置。放置土压力盒时，先打一小孔，将土压力盒紧挨桩身，放置完毕后，回填土体。具体的布置如图 3.17 所示。

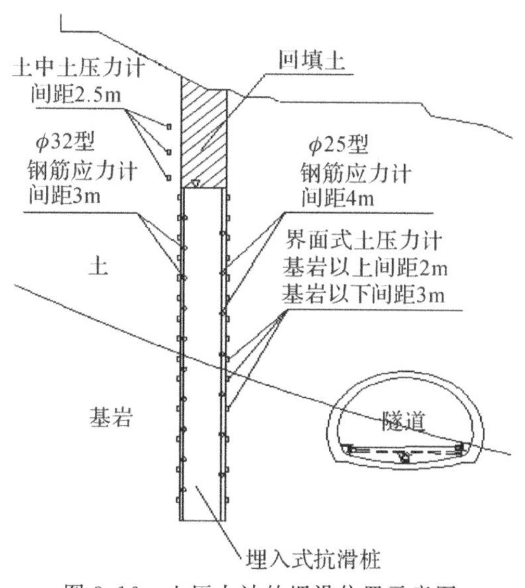

图 3.16　土压力计的埋设位置示意图

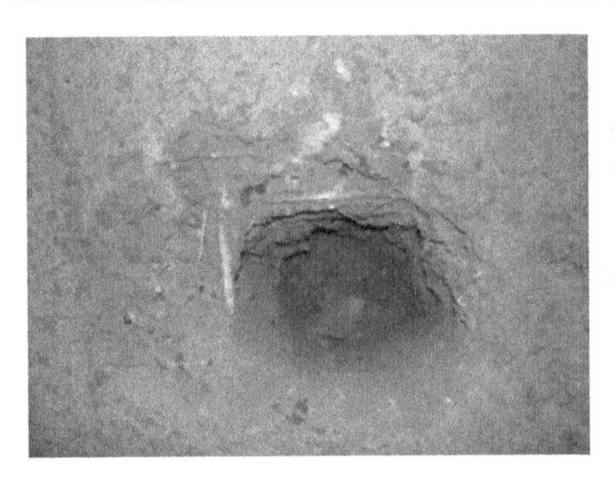

图 3.17　土压力盒的埋设

3.3.2 监测数据

1. 不同深度滑坡体的位移监测结果

用于监测滑坡体不同深度位移的监测孔，于 2007 年 4 月 12 日安装完成，到 2013 年 3 月已经监测了接近 6 年。这里只将 2009 年 9 月以前的数据罗列出来(因 2010—2012 年数据已经趋于稳定，数据结果同 2009 年 9 月很接近，故不再列出)。图 3.18 和图 3.19 展示的是 6# 桩体前、后所对应的监测孔在 2007—2008 年中的监测位移曲线。

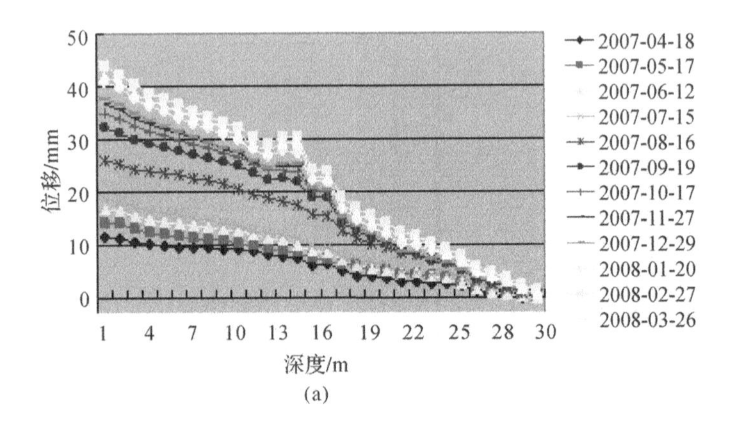

(a)

图 3.18　滑坡体不同深度的水平位移曲线(6# 桩后监测孔处)

(a)2007—2008 年位移监测数据；

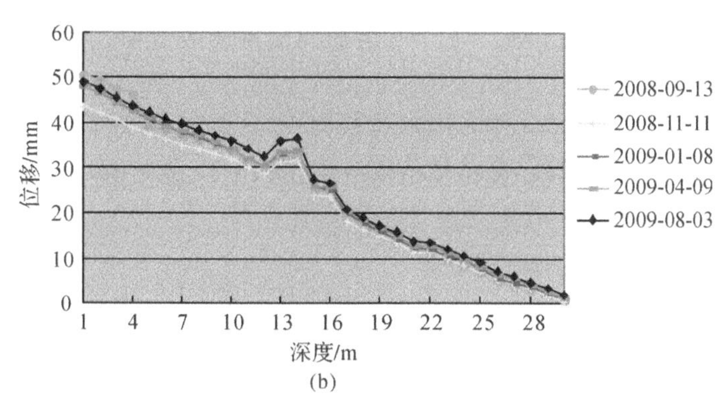

续图 3.18　滑坡体不同深度的水平位移曲线(6# 桩后监测孔处)

(b)2008—2009 年监测数据

从图 3.18 可以看出，在埋入式抗滑桩施工完成后，随着隧道的继续开挖，滑体发生变形，滑体在第一年发生变形较快，随后位移趋于平缓，总的最大累计位移并没超过 6cm，表明支护后的边坡并没有因后续的隧道开挖而发生失稳破坏，坡体是稳定的。此外，监测数据还表明，越是靠近坡面处，位移越大，在 13m 附近位移有突变，初步推测 13m 附近可能会诱发次生滑面，应特别注意。

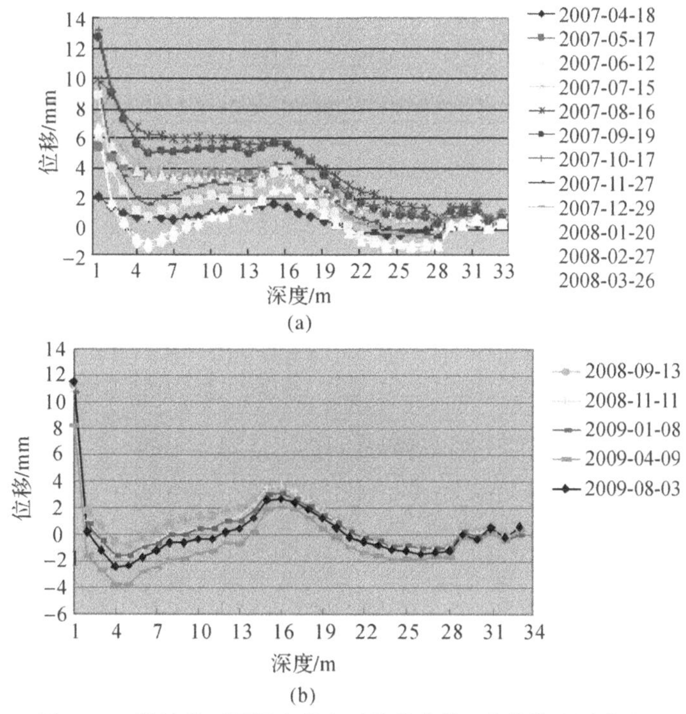

图 3.19　滑坡体不同深度的水平位移曲线(6# 桩前监测孔处)

(a)2007—2008 年监测数据;(b)2008—2009 年监测数据

图 3.19 表明，抗滑桩施工后，6# 桩的前面滑体的变形也在第一年趋于稳定，累计最大位移没超过 2cm，表明桩前滑体是稳定的。图 3.19 还表明，桩前滑体分别在 30m 左右和 16m 左右出现位移突变，这两处深度可能出现了土体滑动。30m 左右是岩土界面，也就是勘查单位给出的滑动面，表明勘察单元给出的滑动面较为准确，16m 左右则可能是次生滑动面。

2. 抗滑桩桩体位移的监测结果

从图 3.20 可以看出，在施工完成初期，抗滑桩有一定的位移，桩顶位移大于其他部分，桩身总体位移都较小，远远小于桩设计时的计算工况。桩截面及配筋设计时，对滑坡推力加上了一定的安全系数，故而设计值较大。但是实际监测表明，抗滑桩并没有受到这么大的推力，桩顶位移非常小，同时也表明此时滑坡体处于稳定状态。

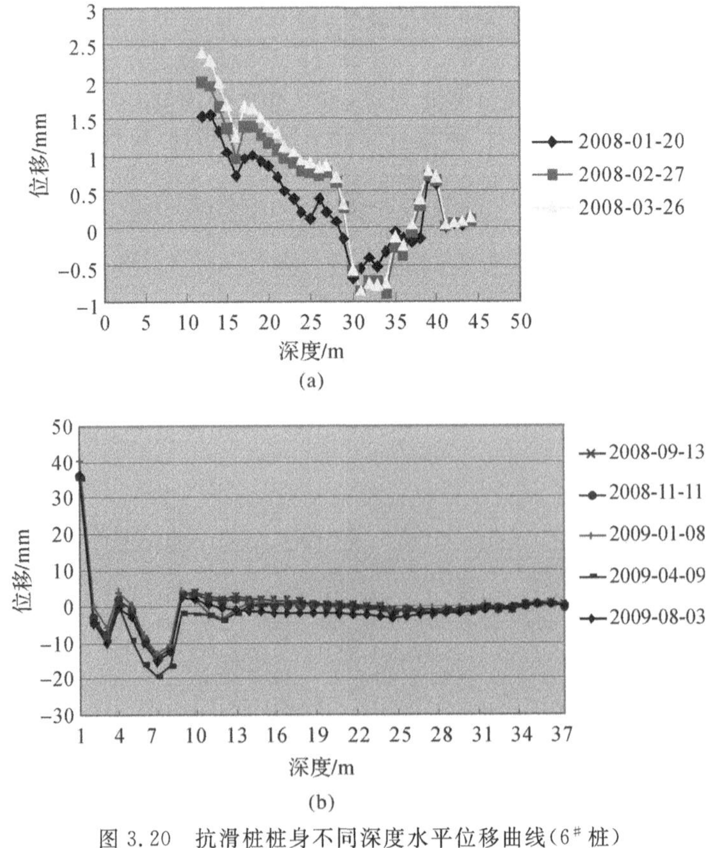

图 3.20　抗滑桩桩身不同深度水平位移曲线(6# 桩)

(a)2008 年上半年监测数据；(b)2008 年下半年至 2009 年监测数据

3. 土压力盒监测数据

除了边坡及桩体自身的稳定性以外，桩身的受力也是工程中非常关心的问题，要是受力不尽合理，势必影响到支护结构的正常使用及安全储备。本小节将通过安装在桩身前后的土压力盒的数据，分析土压力的大小及分布情况。

(1)桩后推力。

从图 3.21 可以看出，6# 抗滑桩的桩后推力在埋深 17m 以前较小，随着深度的增加，推力越来越大，在 17m 以前约呈矩形分布，17～30m 大概呈三角形分布，在 30m 左右达到最大值(滑带附近)。

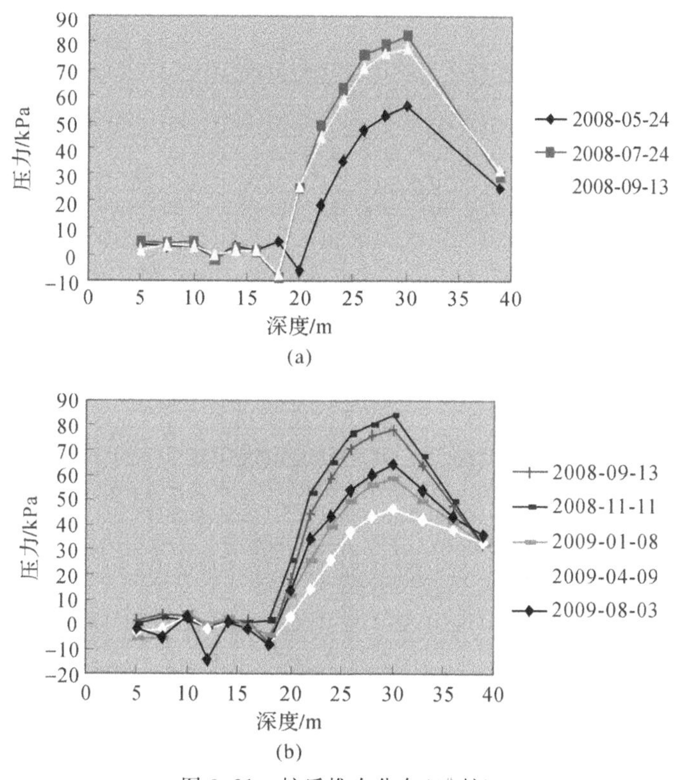

图 3.21　桩后推力分布(6# 桩)

(a)2008 年上半年监测数据；(b)2008 年下半年至 2009 年监测数据

(2)桩前抗力。

从图 3.22 可以看出，6# 桩前抗力在 17m 以前很小，而后增长较快。另外，从 6# 桩的受力可以看出，在 30m 左右的地方，桩体受到的推力与抗力都比较大，此处正是岩土交界面所在(即滑带附近)，该结论同前述结论相同，也验证了数值方法的可信性。

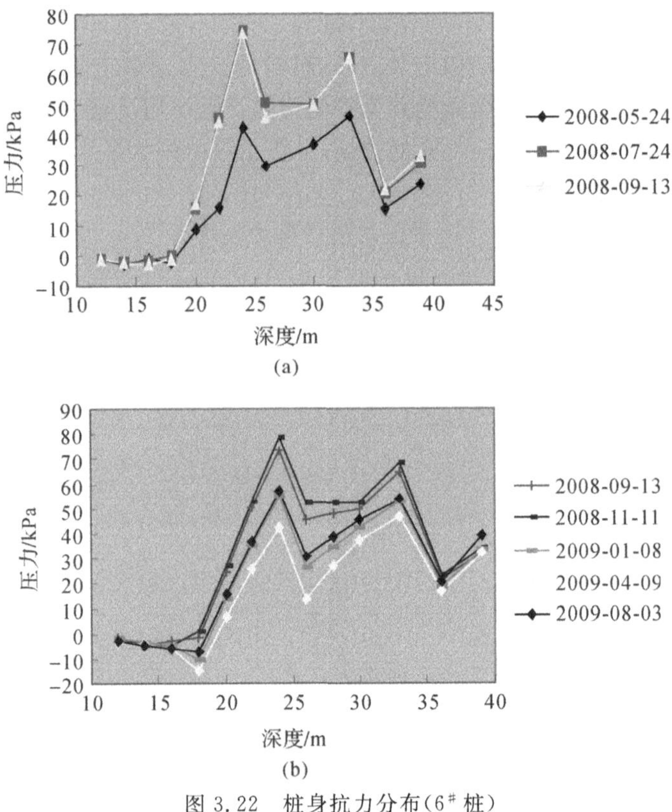

图 3.22　桩身抗力分布(6# 桩)

(a)2008 年监测数据;(b)2008 年至 2009 年监测数据

综上所述,现桩体受力较小,滑坡体并未滑动,采用埋入式抗滑桩这一支护形式是有效的,取得了良好的支护效果。

3.4　本章小结

本章在采用埋入式抗滑桩支护的重庆奉节至云阳段隧道边坡工程中利用有限元强度折减法对该边坡的稳定性、支护结构受力进行了研究,计算结果表明该工程采用埋入式抗滑桩支护后能有效地提高边坡稳定性,相对于全长桩而言,支护结构受力更小、经济效应更好。最后通过现场的监测数据验证了这种支护形式的合理性,主要的结论有以下几点:

(1)通过云阳段隧道边坡工程详细阐述了基于有限元强度折减法的边坡支护工程的设计流程,该法能够比较有效地指导工程实践。

(2)在埋入式抗滑桩支护以前，重庆奉节至云阳段高速公路隧道边坡的安全系数为1.06，小于规范要求，边坡处于欠稳定状态，需要对其进行支护。

(3)边坡采用埋入式抗滑桩支护后，安全系数为1.44，满足设计要求，并且由于埋入式抗滑桩改变了滑体的滑动方向，有效地减小了隧道右上方受到边坡失稳时滑体的推力作用。埋入式抗滑桩的设计剪力及弯矩大小分别为1 170kN和4 840kN·m。

(4)从现场监测数据上看，支护后边坡的滑体位移及桩身受力都较小，边坡处于稳定状态，现场监测数据验证了采用埋入式抗滑桩这一支护形式的合理性。

第4章　地震作用下双排抗滑桩和锚杆抗震性能试验研究

4.1　引　　言

近年来四川地区相继发生了汶川、芦山地震，地震造成大量的山体滑坡，给人民的生命财产造成了重大损失[100]。保障边滑坡抗震安全已经成为我国社会、经济发展的迫切需求。双排桩以及双排桩与锚杆（预应力锚索）联合支护结构都具有很好的抗震性能，这已经在汶川地震中得到了检验[101]。但双排桩与锚杆（预应力锚索）联合支护结构的大型动力试验尚未见报道，由于地震的复杂性，锚杆和抗滑桩联合支护的受力情况、抗震性能以及边坡的破坏过程尚缺乏大型试验论证，相关研究难以满足实践的需要。

当前边坡动力模型试验的方法主要有三种，即离心模型试验、爆炸模型试验及振动台模型试验。三种动力试验都有各自的优缺点，并不完美，岩土工作者应根据试验的目的、手段以及设备情况选取合适的试验方法。其中，振动台模型试验能准确输入实际的地震波，较为精确地采集试验数据，在满足相似律条件下能较真实、直观地反映支护边坡的动力响应和破坏机制，尽管难以解决重力相似问题，但其试验规模较大、可重复性好，被广大科研人员所应用。为了得到双排抗滑桩和锚杆的动力特性，本章首先将通过控制方程及量纲分析法得到弹性阶段振动台试验的相似比，讨论塑性阶段获得相似比的难点以及近似相似的方法，探讨离心机试验的优缺点。在确定相似比的基础上，首次开展抗滑桩和锚杆联合支护下边坡的抗震性能振动台对比试验，通过输入 Wenchuan（汶川）、EI Centro、Taft 三种地震波，不断增大地震波的峰值，再与普通双排抗滑桩进行对比，得到了两种支护形式各自的受力特点以及对应的边坡动力响应规律、破坏过程，试验结果能为双排抗滑桩的工程运用提供一定的基础。

4.2　相似关系的推导及适用范围

模型试验的相似比主要通过控制方程及量纲分析法获得。现阶段材料在弹性阶段的相似关系已经比较完善，而在非线性、临近破坏阶段尚有些问题需要解决。为得到试验的相似比，下面将针对弹性阶段，采用控制方程法及量纲分析法对材料相似关系进行推导[102]。

4.2.1　依据控制方程法推导

将原型及试验的物理量分别以下标 p、m 表示，相似比定义为原型物理量与对应的模型物理量的比值。如原型尺寸为 l_p，模型尺寸为 l_m，尺寸相似比为$S_l = l_p/l_m$。

1. 几何方程

几何方程为

$$\varepsilon_{ij} = \begin{bmatrix} \frac{\partial u}{\partial x} & \frac{1}{2}\left(\frac{\partial u}{\partial y}+\frac{\partial v}{\partial x}\right) & \frac{1}{2}\left(\frac{\partial u}{\partial z}+\frac{\partial w}{\partial x}\right) \\ \frac{1}{2}\left(\frac{\partial u}{\partial y}+\frac{\partial v}{\partial x}\right) & \frac{\partial v}{\partial y} & \frac{1}{2}\left(\frac{\partial v}{\partial z}+\frac{\partial w}{\partial y}\right) \\ \frac{1}{2}\left(\frac{\partial u}{\partial z}+\frac{\partial w}{\partial x}\right) & \frac{1}{2}\left(\frac{\partial v}{\partial z}+\frac{\partial w}{\partial y}\right) & \frac{\partial w}{\partial z} \end{bmatrix} \tag{4.1}$$

则对于原型，存在着

$$(\varepsilon_{ij})_p = \begin{bmatrix} \frac{\partial u}{\partial x} & \frac{1}{2}\left(\frac{\partial u}{\partial y}+\frac{\partial v}{\partial x}\right) & \frac{1}{2}\left(\frac{\partial u}{\partial z}+\frac{\partial w}{\partial x}\right) \\ \frac{1}{2}\left(\frac{\partial u}{\partial y}+\frac{\partial v}{\partial x}\right) & \frac{\partial v}{\partial y} & \frac{1}{2}\left(\frac{\partial v}{\partial z}+\frac{\partial w}{\partial y}\right) \\ \frac{1}{2}\left(\frac{\partial u}{\partial z}+\frac{\partial w}{\partial x}\right) & \frac{1}{2}\left(\frac{\partial v}{\partial z}+\frac{\partial w}{\partial y}\right) & \frac{\partial w}{\partial z} \end{bmatrix}_p \tag{4.2}$$

将位移、应变以及几何相似比例 $S_u = S_\varepsilon$、S_l 代入式(4.2)中，可得试验模型的几何方程满足：

$$(\varepsilon_{ij})_m = \frac{S_l S_\varepsilon}{S_u}\begin{bmatrix} \frac{\partial u}{\partial x} & \frac{1}{2}(\frac{\partial u}{\partial y}+\frac{\partial v}{\partial x}) & \frac{1}{2}(\frac{\partial u}{\partial z}+\frac{\partial w}{\partial x}) \\ \frac{1}{2}(\frac{\partial u}{\partial y}+\frac{\partial v}{\partial x}) & \frac{\partial v}{\partial y} & \frac{1}{2}(\frac{\partial v}{\partial z}+\frac{\partial w}{\partial y}) \\ \frac{1}{2}(\frac{\partial u}{\partial z}+\frac{\partial w}{\partial x}) & \frac{1}{2}(\frac{\partial v}{\partial z}+\frac{\partial w}{\partial y}) & \frac{\partial w}{\partial z} \end{bmatrix}_m \tag{4.3}$$

又由于试验模型的几何方程同样满足式(4.1),则必然存在着$\frac{S_l S_\varepsilon}{S_u}=1$。

2. 运动微分方程

运动微分方程为

$$\frac{\partial \sigma_{ij}}{\partial x_j} + f_i = \rho a_i \tag{4.4}$$

对于原型,存在着

$$\left(\frac{\partial \sigma_{ij}}{\partial x_j}\right)_p + (f_i)_p = (\rho a_i)_p \tag{4.5}$$

将密度、几何、重力加速度、加速度及应力相似比例 S_ρ、S_l、S_g、S_a、S_σ 代入式(4.5),可得

$$\frac{S_\sigma}{S_l}\left(\frac{\partial \sigma_{ij}}{\partial x_j}\right)_m + S_\rho S_g (f_i)_m = S_\rho S_a (\rho a_i)_m \tag{4.6}$$

同样的,由于试验模型的运动方程同样满足式(4.4),则由运动微分方程可得相似比$\frac{S_\sigma}{S_l}=S_\rho S_g = S_\rho S_a$

3. 物理方程

在弹性阶段存在着

$$\varepsilon_{ij} = \frac{1+\mu}{E}\sigma_{ij} - \frac{\mu}{E}\sigma_{kk}\delta_{ij} \tag{4.7}$$

对于原型存在着

$$(\varepsilon_{ij})_p = \frac{1+\mu}{E}(\sigma_{ij})_p - \frac{\mu}{E}(\sigma_{kk})_p\delta_{ij} \tag{4.8}$$

将应力、应变、弹性模量、泊松比相似常数 S_σ、S_ε、S_E 和 S_μ 代入式(4.7)中,可以得到

$$(\varepsilon_{ij})_m = \frac{S_\sigma}{S_E S_\varepsilon}\frac{1+S_\mu \mu}{E}(\sigma_{ij})_m - \frac{S_\sigma}{S_E S_\varepsilon}\frac{S_\mu \mu}{E}(\sigma_{kk})_m\delta_{ij} \tag{4.9}$$

一般泊松比保持不变,可得 $S_\sigma = S_E S_\varepsilon$。

4. 剪切波速方程

在弹性阶段,岩土体的剪切波速满足

$$V = (G/\rho)^{0.5} \tag{4.10}$$

对于原型存在着

$$V_{\mathrm{p}} = (G_{\mathrm{p}}/\rho_{\mathrm{p}})^{0.5} \tag{4.11}$$

将速度、剪切模量、密度相似比 S_v、S_G、S_ρ 代入式(4.11)中：

$$V_{\mathrm{m}} = (S_G / S_\rho)^{0.5} S_v^{-1} (G_{\mathrm{m}}/\rho_{\mathrm{m}})^{0.5} \tag{4.12}$$

由于试验模型的剪切波速方程同样满足式(4.10)，则可得 $S_v=(S_G/S_\rho)^{0.5}$，在泊松比保持不变情况下 $S_E=S_G$，此时 $S_v=(S_E/S_\rho)^{0.5}$。

由几何方程、运动微分方程和物理方程得到相似比，可推导出

$$S_\varepsilon S_E = S_\rho S_g S_l = S_\rho S_a S_l \tag{4.13}$$

此方程代表着重力、弹性恢复力以及惯性力间应满足的条件，称为约束方程。特别地，在应变不失真的情况下，满足 $S_E=S_\rho S_g S_l=S_\rho S_a S_l$。对于振动台试验而言，由于 $S_a=S_g=1$，则 $S_E=S_\rho S_l$。

4.2.2　依据量纲分析法(π 定理)推导

在量纲分析法(π 定理)中，当某一物理现象涉及 n 个变量，该物理现象的函数关系为 $f(x_1,x_2,x_3,\cdots,x_n)=0$，选取 m 个基本变量，则可以通过$(n-m)$个无量纲的组合量 π 表示的关系式来描述该物理现象，即 $f(\pi_1,\pi_2,\pi_3,\cdots,\pi_{n-m})=0$。

在弹性阶段动力分析中，一点的应力状态可用下式表示：

$$f(\sigma,l,\rho,E,r,t,a,g,w,v) = 0 \tag{4.14}$$

其中，σ 为应力；l 为几何尺寸；ρ 为密度；t 为时间；a 为加速度；g 为重力加速度；w 为圆频率；v 为速度。选取 l、ρ 和 E 为基本物理量，则根据量纲分析法可知[103-104]：$\pi_0=\frac{\sigma}{l^0E^1\rho^0}=\frac{\sigma}{E^1}$，$\pi_1=\frac{l}{l^1E^0\rho^0}=1$，$\pi_2=\frac{\rho}{l^0E^0\rho^1}=1$，$\pi_3=\frac{E}{l^0E^1\rho^0}=1$，$\pi_4=\frac{r}{l}$，$\pi_5=\frac{t}{l\,(\rho/E)^{0.5}}$，$\pi_6=\frac{a}{E/(l\rho)}$，$\pi_7=\frac{g}{E/(l\rho)}$，$\pi_8=\frac{\omega}{(E/\rho)^{0.5}/l}$，$\pi_9=\frac{v}{(E/\rho)^{0.5}}$均为无量纲的量。令$(\pi_i)_{\mathrm{m}}=(\pi_i)_{\mathrm{p}}$，则下面几个式子成立：

$$S_\sigma = S_E,\ S_t = S_l\,(S_\rho/S_E)^{0.5} \tag{4.15}$$

$$S_a = S_E\,(S_\rho S_l)^{-1},\ S_g = S_E\,(S_\rho S_l)^{-1} \tag{4.16}$$

$$S_w = (S_E/S_\rho)^{0.5} S_l^{\ -1},\ S_v = (S_E/S_\rho)^{0.5} \tag{4.17}$$

显然式(4.15)得到相似比的前提是应变不失真，经推导同样得到了约束方程 $S_E\,(S_\rho S_l)^{-1}=S_a=S_g$。对于振动台试验而言，由于 $S_a=S_g=1$，则 $S_E=S_\rho S_l$。

1. 不同相似比的适用范围

对于振动台试验而言，由于试验模型也处于自重场下，重力相似比 $S_g=1$，因此存在着模量、密度以及尺寸确定后约束方程难以满足的困境。对于离心机试验而言，其独特离心运动使得 S_g 可以在较大范围内变化，能够满足约束方程，这正是离心机试验的优点。根据研究的具体情况，振动台试验主要有以下几种模型可以选择。

(1)弹性相似模型。弹性相似模型又称重力失真模型，该模型忽略重力效应的影响，考虑了惯性力与弹性恢复力之间的相似。此时相似比 S_E、S_ρ、S_l 可以自由选择，不必满足 $S_E(S_\rho S_l)^{-1}=S_g=1$ 这一限制，给大质量、大尺寸的模型设计带来了极大的方便，此时的约束方程只需满足 $S_E(S_\rho S_l)^{-1}=S_a$。不过重力失真对应力分布存在一定影响，重力失真效应不宜过大。

(2)人工质量相似模型。为了解决弹性相似模型中重力失真的不利影响，在不影响结构刚度的情况下弥补重力效应的不足，使得 $S_E(S_\rho S_l)^{-1}=S_g=1$，需增加的人工质量 m_a 满足下式[105]：

$$m_a = S_E S_l^2 m_\mathrm{p} - m_\mathrm{m} \tag{4.18}$$

(3)欠人工质量相似模型。张敏政[105]提出了介于弹性相似模型与人工质量相似模型之间的一种相似模型，通过等效质量密度(考虑了结构质量、非结构质量以及活载的效应)相似比，完成其他物理量的推导。

(4)弹性-重力相似模型。当充分考虑重力、惯性力以及弹性恢复力之间的相似关系，即约束方程 $S_E(S_\rho S_l)^{-1}=S_a=S_g=1$，且 $S_\varepsilon=1$ 完全满足时，此模型称为弹性-重力相似模型。该模型对材料的选取非常严格，有时难以找到合适的相似材料。

(5)应变失真相似模型。上述相似模型都是建立在 $S_\varepsilon=1$ 的基础上的，当不考虑几何非线性引起的次生效应时，可将应变相似比 S_ε 作为设计控制参数，从而能够满足重力、惯性力以及弹性恢复力之间的相似，此时的约束方程为

$$\frac{S_\varepsilon S_E}{S_\rho S_l} = S_a = S_g = 1 \tag{4.19}$$

2. 相似比难点

在动力计算中，土体的动剪切模量 G_d 与应变、循环次数有关，会随着土应变增大而逐渐减小，需首先确定其最大动剪切模量相似比 S_G，同时还要使动剪切模量相似比在动力作用下保持不变。Hardin 等[106]提出的动剪切模量表达式为

$$G = G_{\max}[1 - H(\gamma)] \tag{4.20}$$

其中，$H(\gamma)=\dfrac{\gamma/\gamma_0}{1+\gamma/\gamma_0}$，1982 年 Martin[107] 通过大量试验又将 $H(\gamma)$ 改写成了 $H(\gamma)=\left[\dfrac{(\gamma/\gamma_0)^{2B}}{1+(\gamma/\gamma_0)^{2B}}\right]^A$。由式(4.20)可知原型和模型需满足相似比关系[108]：

$$S_G = S_{G_{\max}} S_{[1-H(\gamma)]} \tag{4.21}$$

要使式(4.17)成立，必须满足 $S_G = S_{G_{\max}}$ 且 $S_{[1-H(\gamma)]}=1$。关于 $G_{\max}$ 取值有许多不同的表达式，由于 $G_{\max}$ 受土体成分、应力水平、埋深等影响较大，很难保证相似比 $S_{\max}$ 是一定值。同时对于 $S_{[1-H(\gamma)]}=1$ 而言，只需 $S_{H(\gamma)}=1$，即满足下式[108]：

$$\{(\gamma_m/\gamma_{0m})^{2B_m}/[1+(\gamma_m/\gamma_{0m})^{2B_m}]\}^{A_m} = \{(\gamma_p/\gamma_{0p})^{2B_p}/[1+(\gamma_m/\gamma_{0m})^{2B_p}]\}^{A_p} \tag{4.22}$$

此时需 $B_m=B_p$，$A_m=A_p$ 和 $\gamma_m/\gamma_{0m}=\gamma_p/\gamma_{0p}$ 同时满足，这一点很难做到。由于上面两个原因，其他物理量也难以推导，试验无法开展，因此需进行必要的简化。

3. 土工建筑物临近破坏阶段的相似定律

林皋等[106]通过振动台试验及原型观测指出：当结构临近破坏阶段时，结构的破坏特征主要取决于材料的强度，弹性(或剪切)模量的影响很小，可以忽略其影响；对于土体而言，其在破坏阶段需满足抗力相似条件，可以采用摩尔-库仑强度准则进行模拟，即

$$\tau_f = \sigma\tan\varphi + c \tag{4.23}$$

其中，τ_f 为土体抗剪强度；σ 为法向正应力；φ 为内摩擦角；c 为黏聚力。为使土体的破坏状态相似，要求抗剪强度参数相似关系满足[109]：

$$S_\varphi = 1,\quad S_c = S_l S_\rho \tag{4.24}$$

林皋等[109]还指出：通常情况下可取 $\rho_p=\rho_m(S_\rho=1)$，当采用小比例尺寸模型时，试验模型材料的黏聚力比原型小很多，试验模型中土工结构的破坏主要由摩擦力决定，黏聚力可近似相似。若采用黏结力大的模型材料，在试验中反而难以破坏，同时也不满足相似要求。

在地震作用下土体模量随应变变化而不断变化，这就导致了相似设计的困难。采用重力相似，忽略了模量的影响，大大简化了土工建筑物动力破坏试验的模型设计。

4.3 离心机试验

当前振动台试验还难以模拟原型材料的重力作用，当缩尺较大时，会导致一定误差，而土工离心机通过转臂高速旋转产生的离心力(相当于超重环境)，能够

准确地再现原型的重力条件，而被广大的岩土工作者所采用。离心机由于构造和试验目的不同可以分为静力离心机和动力离心机，其中动力离心机又称为离心机振动台[110]。离心机振动台试验通过吊篮的离心运动模拟自重场，再利用模型下方的振动台施加动力作用，从而使得模型试验得到的结果与原型接近，其示意图如图 4.1 所示。由于本章针对模型动力试验，下述将只针对离心机振动台试验进行讨论。

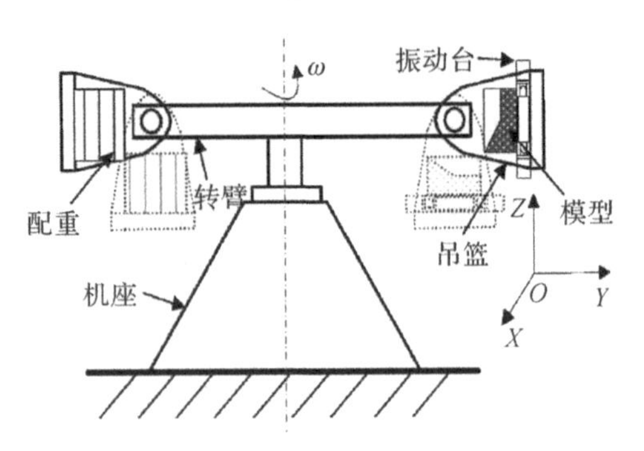

图 4.1　动力离心机示意图

如前所述，振动台试验模型的重力场一般要小于原型，从而导致重力有一定的失真，在离心机振动台试验中，对于原型按 1∶N 缩尺得到的模型尺寸，只需要受到 Ng 重力作用，就可以准确描述原型的重力场。由于振动台试验和离心机振动台试验除在重力场描述不相同以外，力学机理是相似的，并无本质区别[111]，同样采用量纲分析法对离心机相似比进行推导，得到材料在某点处的几何、应力、强度指标满足：

$$f(\sigma, l, \rho, E, r, t, a, g, w, v) = 0 \tag{4.25}$$

原型和模型尺寸比值为 N，对于离心机试验常常选择相同材料进行试验（相同的弹性模量 E 和密度 ρ），经推导后得到的相似关系一般可如下式所示：

$$S_l = N, S_\sigma = 1, S_t = N, S_m = N^3, S_a = S_g = 1/N, S_F = 1/N^2 \tag{4.26}$$

离心机振动台主要采用电磁式，具有精度高、体积小、可靠性高、激振力大等优点，是当前广泛采用的动力离心机形式，但其不足之处有以下几点[110,112]：①激振装置位于的台面小，需提供的支撑力很大，存在着维护成本高、研制困难等缺点。②我国离心机振动台（主要为中、小型）的振动负载、振动容量普遍较小，为满足与原型重力场一致，模型缩尺很大将损失原型的很多细节，同时相似材料也难以确定。③缩尺较大导致尺寸效应、边界效应以及土颗粒效应明显，从而使试验结果失真。④高速旋转的离心机，各质点的离心力随着距旋转轴心距离的增大而增大，离心力并不平行且是非均质的，这与铅直、均匀的重力还存在一定区别，也给试验结果带来误差。⑤国内离心机振动台具有二维激振功能，还不能完全模拟实际地震中三维情况，需进一步开发三维离心机振动台试验。

振动台试验在中国地震局工程力学研究所地震模拟开放实验室的三向电液伺服驱动式地震模拟振动台上进行，振动台台面尺寸为5m×5m；最大负荷重量为25t；最大位移：X、Y向为100mm，Z向为50mm；最大速度为50cm/s；最大加速度：X、Y向为1.5g，Z向为0.7g；工作频率范围：0.5～50Hz。试验模拟高度为1.8m(见图4.1和图4.2)。

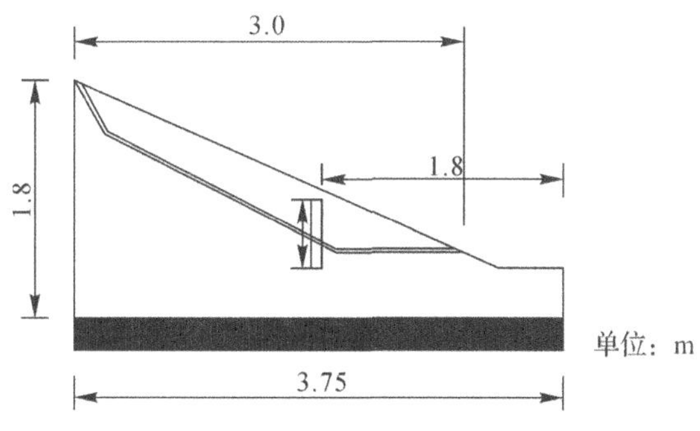

图4.2　抗滑桩振动台试验模型示意图

图4.3　制作完毕的模型

试验相似材料采用标准砂、石膏粉、滑石粉、甘油、水泥、水为基本材料，在试验室进行直剪试验来确定材料参数，最后选取材料配合比为0.705∶0.12∶0.07∶0.003∶0.001 3∶0.102模拟下部基岩；0.705∶0.112∶0.079∶0.002∶0.000 5∶0.102模拟上部滑体；0.705∶0.100∶0.091∶0.002∶0∶0.102模拟软弱夹层。桩身材料为用AB胶黏结的塑料板制成，配合完毕后的岩土体参数见表4.1。试验在边坡坡面上设置加速度、位移监测计，如图4.3所示，在埋入式抗滑桩前后设置土压力监测计，如图4.4和图4.5所示。

表 4.1　模型材料物理力学参数

材料	重度/（kN·m⁻³）	弹性模量/MPa	泊松比	黏聚力/kPa	内摩擦角/（°）	抗拉强度/kPa
基岩	23.9	35	0.21*	54	34.6	30*
滑带	20	10	0.35*	5	29	2*
滑体	20	20	0.3*	10.5	31.5	5*
桩身	25	1.18×10^3	0.20*	弹性材料处理		

注：带*的数据为经验值。

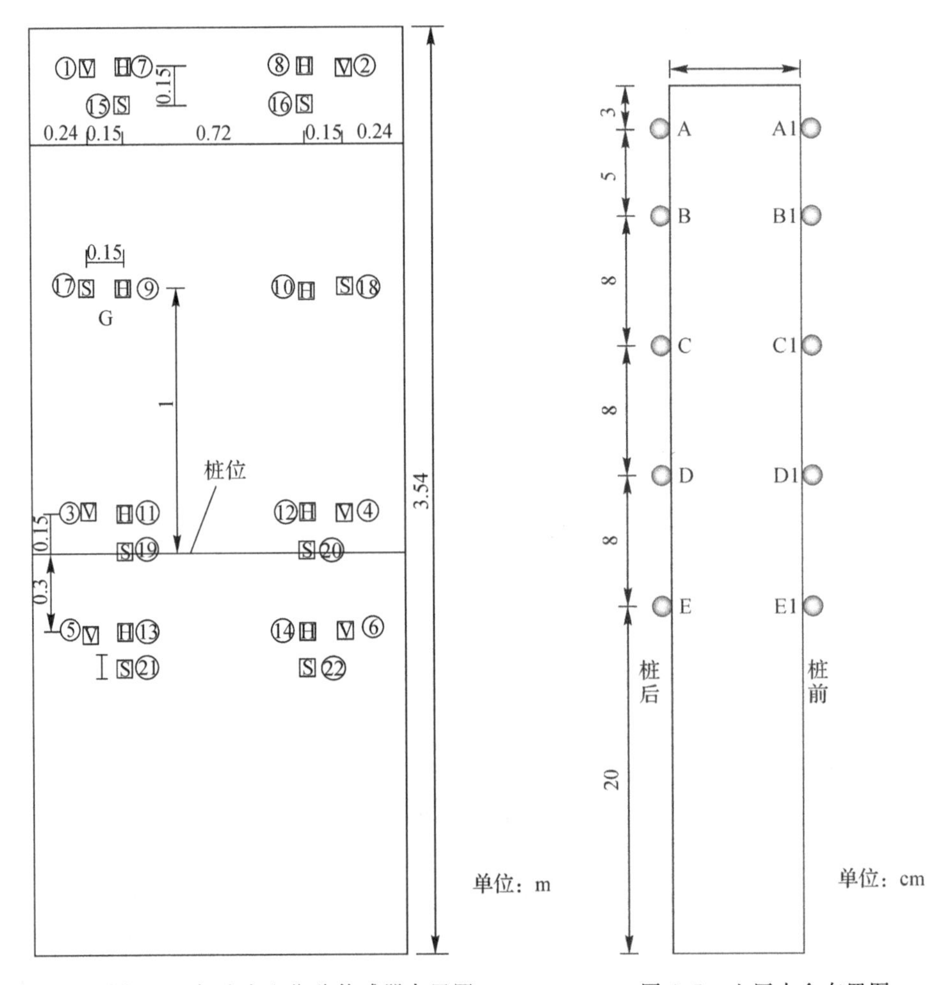

图 4.4　加速度和位移传感器布置图

图 4.5　土压力盒布置图

为能较好地消除模型箱端部对模型的影响，在开始往模型箱垒入试验材料前，在模型箱的四周及下部都贴上厚的软垫层。

试验时选择 Wenchuan Wolong(NE)波作为地震激励。为了探讨地震动强度的影响，对每次输入地震波峰值加速度大小进行了调整，从 0.1g 开始逐级施加，直到加载到 1.0g 为止。输入的地震波为双向输入，其中垂直向加速度峰值取水平向加速度峰值的 2/3，所有的地震波按照时间压缩比为 1:$\sqrt{20}$进行了压缩，输入的地震波信息及工况如图 4.6 和表 4.2 所示。

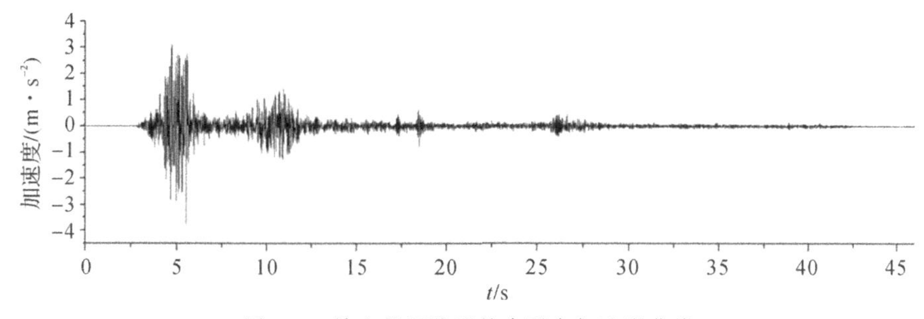

图 4.6 输入的压缩后的水平向加速度曲线

表 4.2 输入地震波信息

地震波	峰值加速度/g	持续时间/s
WenChuan Wolong(NE)	0.2,0.3,0.4, 0.6,0.7,0.8,0.9,1.0	45.8

4.4 振动台模型试验结果分析

4.4.1 试验过程现象

当输入峰值加速度小于 0.3g 时，边坡响应并不明显，在 0.3g 时坡顶土体有松散的现象。

在 0.4g 时，坡顶处出现一道竖向裂缝(见图 4.7 和图 4.8)，该裂缝形状有别于剪切滑移时的形状(常为圆弧形)，从现场发现，该裂缝并不是由裂缝两端材料滑动而是由张拉产生的，初步判断是地震动往复荷载的拉应力大于岩体的抗拉强度，从而产生张拉裂缝。试验现象表明，此时边坡并没有发生整体破坏，还能继续承担荷载作用。

图 4.7　地震动后模型破坏状态图(峰值 0.4g)

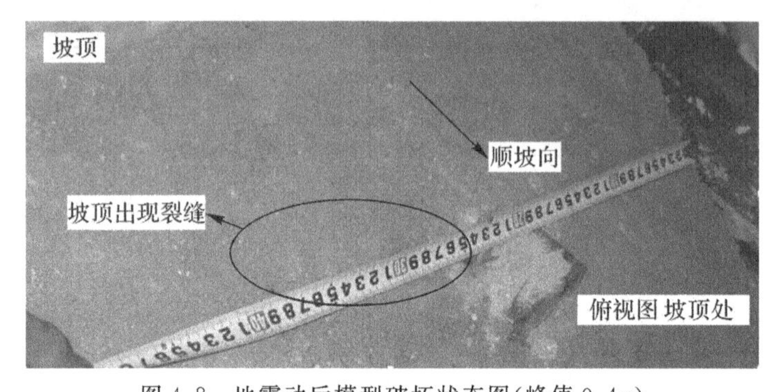

图 4.8　地震动后模型破坏状态图(峰值 0.4g)

在 0.6g 时，原裂缝旁出现了一道竖向裂缝，在其下面也有一道剪切滑移线(见图 4.9)出现。在剪切滑移线的下面沿滑面也产生了一道剪切裂缝，两者尚未贯通。

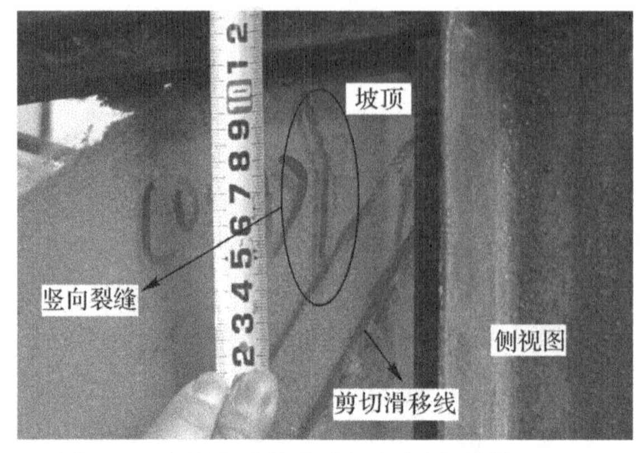

图 4.9　地震动后模型破坏状态图(峰值 0.6g)

当输入加速度峰值为 0.75g 时，坡顶拉裂缝与下面的剪切裂缝相接，如图

4.10所示。

图4.10 地震动后模型破坏状态图(峰值0.75g)

随着输入的地震波的峰值加速度继续加大,张拉和剪切产生的裂缝也在不断地扩展,在靠近坡顶处出现了一道竖向裂缝,从最终裂缝的形态可以清晰辨别边坡破坏模式确实是张拉-剪切复合作用的结果,如图4.11和图4.12所示。

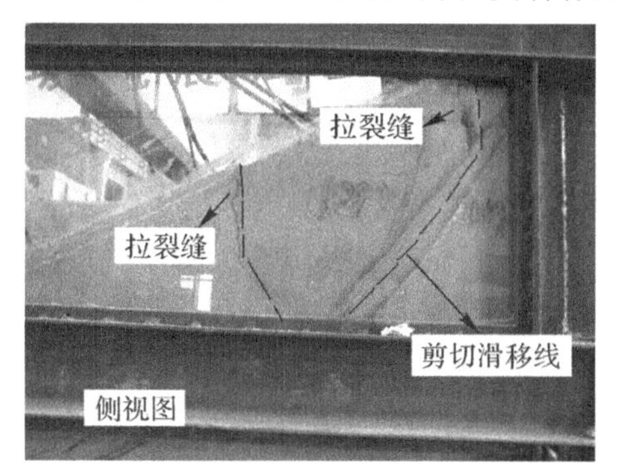

图4.11 地震动后模型破坏状态图(峰值1.0g,侧视)

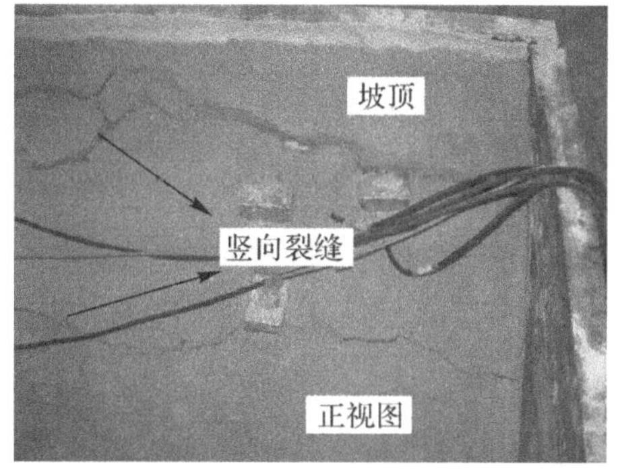

图4.12 地震动后模型破坏状态图(峰值1.0g,俯视)

从试验最终结果来看,在桩顶前上方处并没发现明显的越顶裂缝,表明滑面可能尚未完全贯通,坡体没有发生整体失稳破坏。这主要是岩体参数较高、坡高较低及埋入式桩支护作用的结果。

4.4.2 坡面位移加速度响应

边坡模型在顺坡向的F、G、H、I四个监测点设置了水平、竖直加速度及位移监测计,如图4.4所示。由于实验时,每个工况都是按照输入加速度振幅从小到大累计逐级输入进行的，故位移监测计记录的是累计位移。

从图 4.13 可以看出，当输入地震波加速度峰值大小从 0.1g 增大到 0.4g 时，坡面监测点位移都很小，结合前述地震动过程的现象可以认为：在输入地震波峰值 0.3g 以前，边坡都处于弹性阶段，0.4g 时，部分土体进入塑性阶段。当峰值为 0.75g～1.0g 时，监测点位移开始急剧变化，边坡产生了很大的塑性变形，即在峰值加速度大小为 0.75g～0.78g 之间出现了转折，由此可见，破坏一定在 0.75g 以后，但由于单凭加载法造成的位移突变这一判据尚不足以判断破坏，只能估计极限荷载的大致范围，所以不能判断已发生破坏。

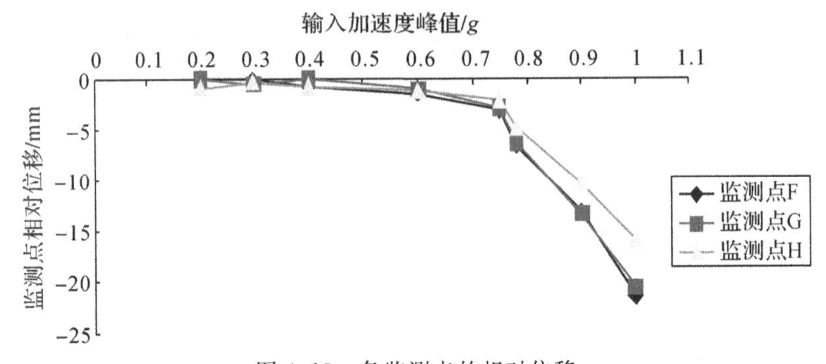

图 4.13　各监测点的相对位移

注：因 I 处位移监测计损坏，故无数据。

坡面岩体的加速度能够在一定程度上反映边坡地震动响应的情况，输入地震响应后各监测点的水平加速度峰值大小如图 4.14 所示。

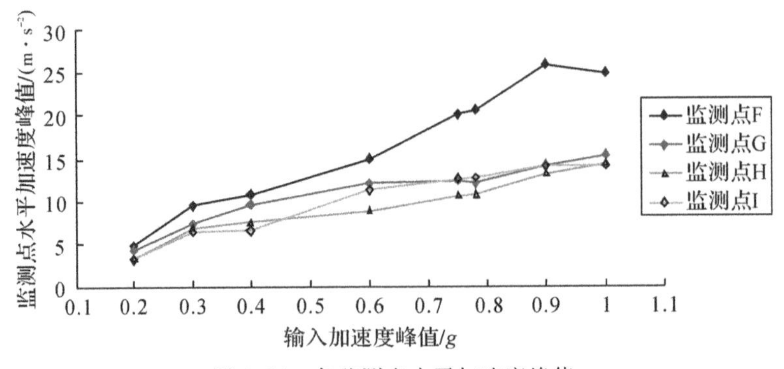

图 4.14　各监测点水平加速度峰值

从图 4.14 可见，随着输入的地震波峰值增大，坡面的加速度响应峰值也增大；监测点越高，加速度峰值越大。在 0.9g 时，最上面的监测点（F 点）加速度峰值下降，加速度响应异常，表明坡形或岩土体材料发生重大变化，在 0.9g 时已接近破坏。由于实际输入的地震波与准备工况要求的地震幅值有一定的差别，不便于互相比较，所以将监测点响应水平地震波的峰值与实际输入的水平地震波的峰值之比定义为加速度 PGA 放大效应(见图 4.15)。

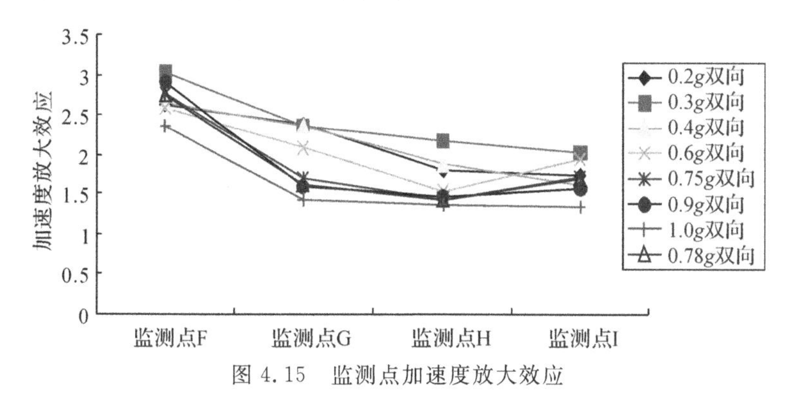

图 4.15 监测点加速度放大效应

从图 4.15 可以看出，监测点越高，加速度 PGA 放大效应越明显，随着输入地震波加速度峰值的增大，PGA 放大效应反而有所减小。由于岩土体的抗拉强度相对较低，当地震往复荷载引起的拉应力大于其抗拉强度时，岩体受拉破坏，而在地震动作用下边坡的加速度放大效应又进一步加剧了这种情况的发生，这也是埋入式抗滑桩支护边坡首先在坡顶出现张拉裂缝的原因。

4.4.3 埋入式抗滑桩动土压力分析

为了能较好地描述地震动过程中，埋入式抗滑桩的桩前、桩后土压力变化情况，分别在桩身前、后安置了 5 个土压力盒。桩后、桩前监测点动土压力时程曲线分别如图 4.16 和图 4.17 所示。

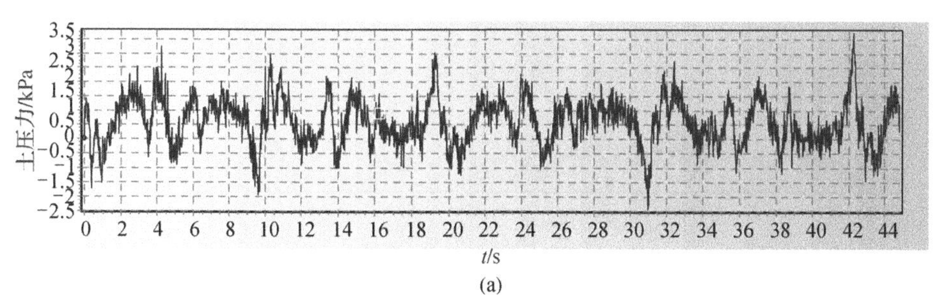

图 4.16 桩后监测点动土压力时程曲线(0.4g)

(a)监测点 A；

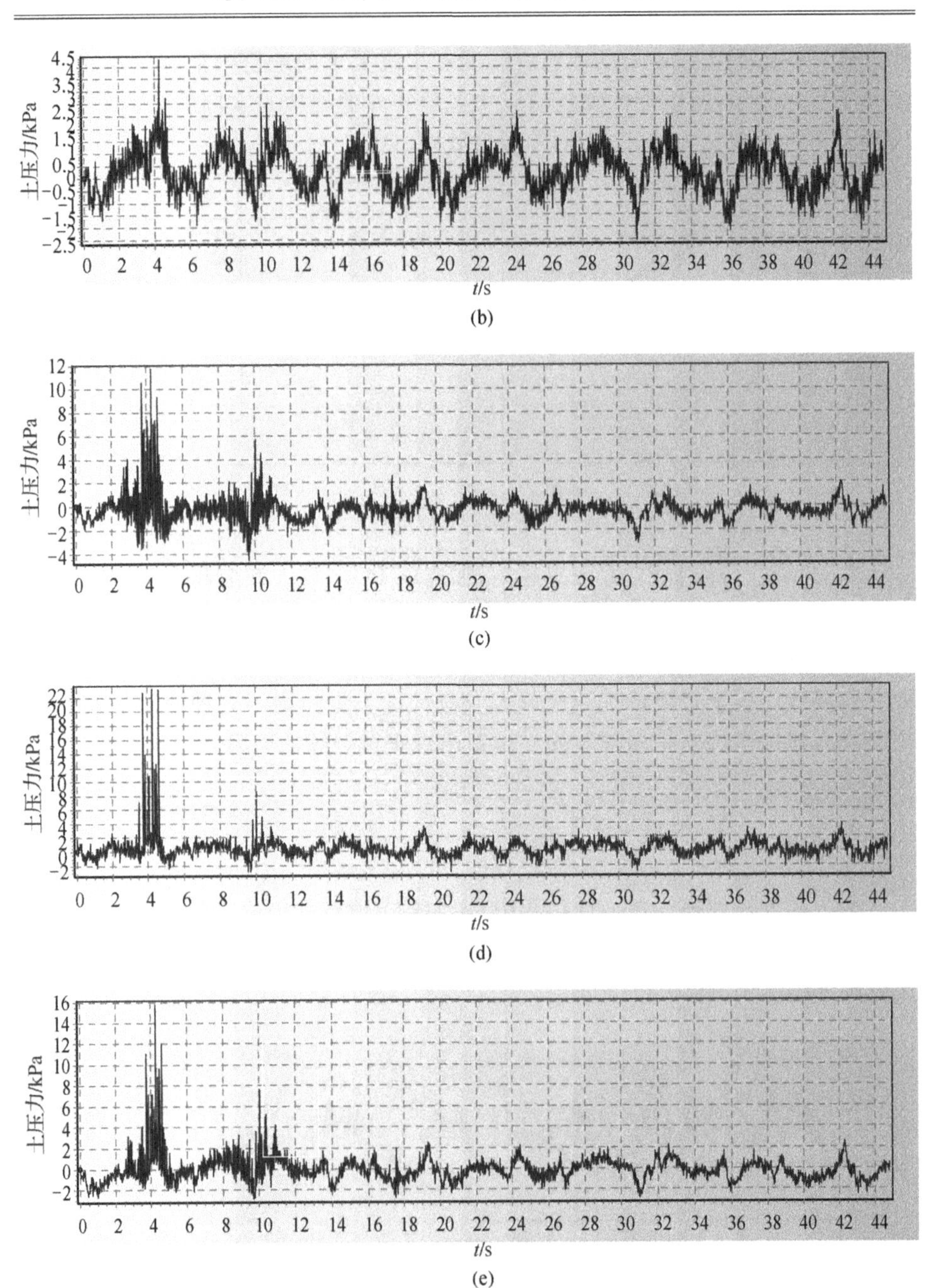

续图 4.16 桩后监测点动土压力时程曲线(0.4g)

(b) 监测点 B;(c)监测点 C;(d)监测点 D;(e)监测点 E

注:E 处动土压力盆破坏,故无监测数据。

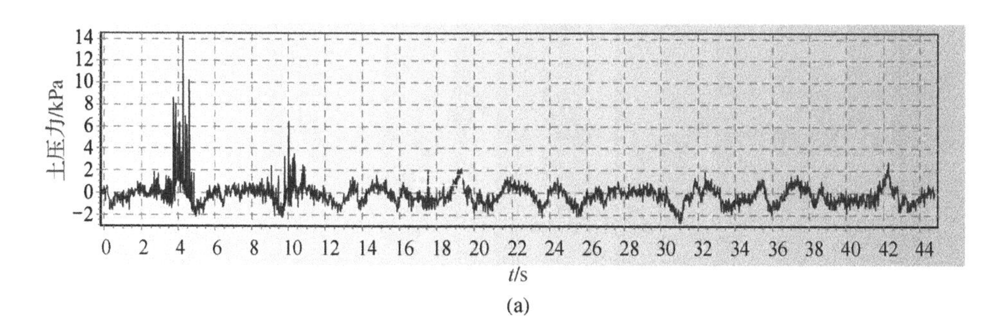

(a)

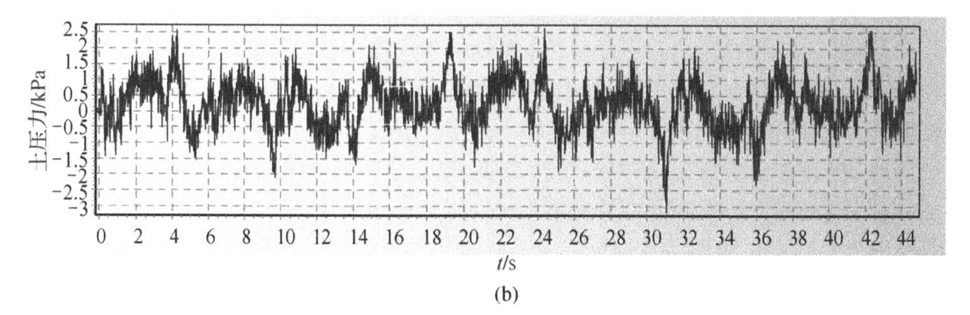

(b)

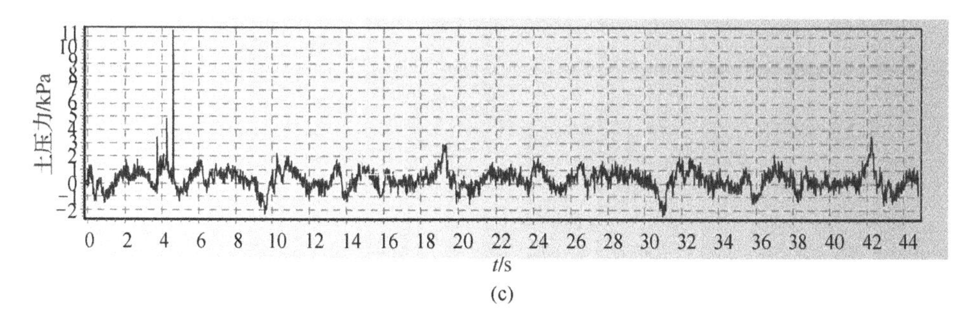

(c)

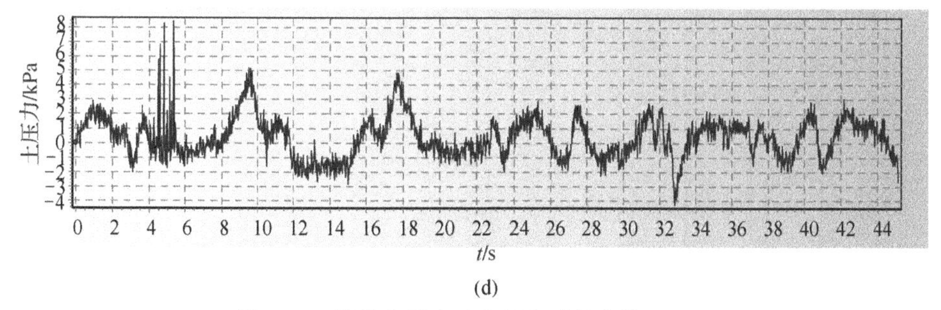

(d)

图 4.17　桩前监测点动土压力时程曲线(0.4g)

(a)监测点 A1;(b)监测点 B1;(c)监测点 C1;(d)监测点 D1;

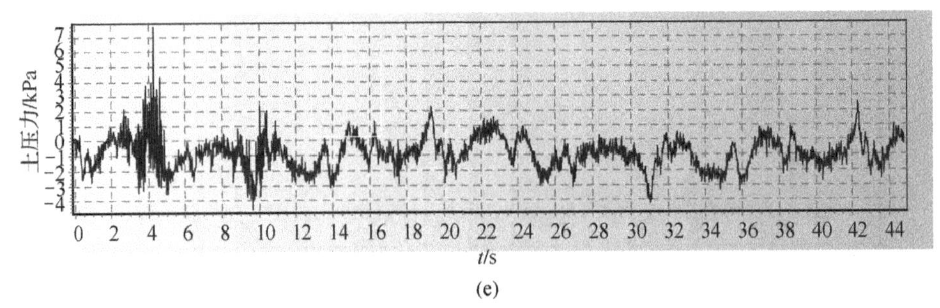

续图 4.17　桩前监测点动土压力时程曲线(0.4g)

(e)监测点 E1

从图 4.16 及图 4.17 可以看出:在输入地震波的主能量段(对应图中2.5～7.5s 段),桩后土压力响应明显,往往达到最大值,此后土动压力减小,在对应地震波能量低的段落,应力水平都不高。为了保证工程的安全,在进行抗滑桩抗震设计时,应该以抵抗动土压力峰值所满足的安全系数的设计值来进行设计。为了弄清地震作用下动土压力的分布形式,将各工况下桩后、桩前监测点土压力峰值绘制于图 4.18 和图 4.19 中。

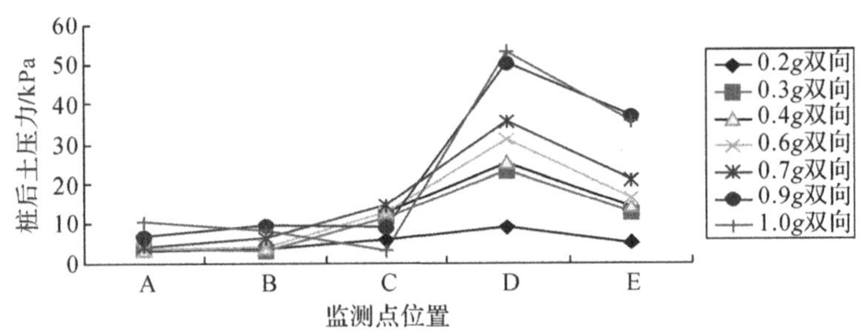

图 4.18　各工况桩后峰值土压力

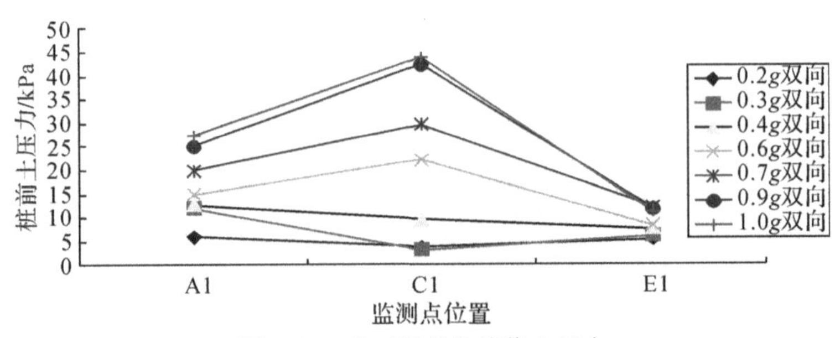

图 4.19　各工况桩前峰值土压力

由图 4.18 和图 4.19 可以看出,在地震动作用下,埋入式抗滑桩桩后峰值土压力随着输入地震波峰值的增大而增大。当输入地震波峰值为 0.2g 时,土压力分布形式近似为矩形分布;当输入地震波峰值为 0.3g～0.4g 时,土压力分布形式近似为三角形；继续增大地震动作用，滑带上桩体的中下部土压力增加明显，其最大值出现在靠近滑带（E 点）的某处，桩体上部推力较小，变化不大。桩前土压力也是随着输入地震波峰值的增大而增大，其最大值可能出现在滑带上部、桩体中部，因缺省 B1、D1 两个监测点数据，最大值也可能是在其他位置。

4.4.4　数值模拟

数值模拟计算模型为 1∶1实验模型，网格划分后如图 4.20 所示；输入的地震波也与试验时相同，地震波采用双向输入，竖直向加速度峰值取水平向峰值的 2/3[28]。计算时岩体材料为弹塑性材料，材料参数如表 4－1 所示，采用 Mohr-Coulomb 强度准则，边界条件采用自由场边界，阻尼采用局部阻尼，阻尼系数为 0.157。为了更好地模拟试验的效果，数值模拟时设置的位移、加速度、动土压力监测点位置及编号与试验一样。

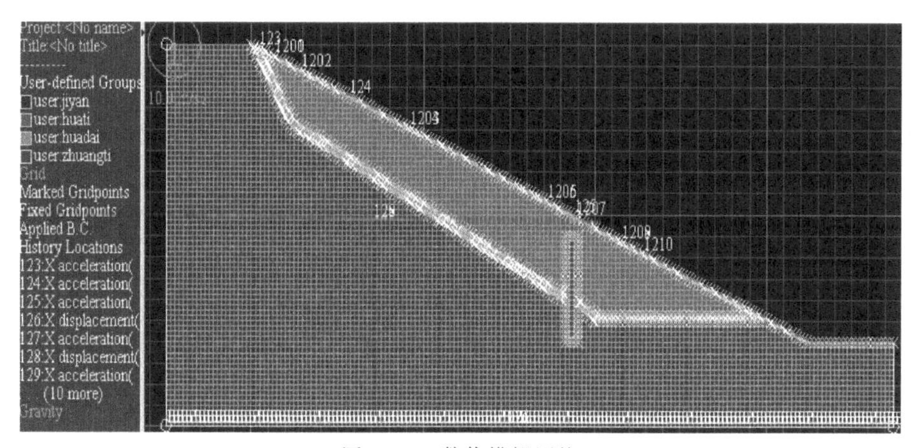

图 4.20　数值模拟网格

利用 FLAC^{2D}分析软件并结合基于考虑拉-剪破裂面的完全动力有限元法[49]进行数值模拟。该法不需要假定破裂面，考虑了岩土体的抗拉强度，输入的动力荷载也不需要按照经验假定，分析方法也是动力的，能够得到结构体的动受力情况。

4.4.5　模拟结果分析

从图 4.21 数值计算的结果来看，各监测点相对于台面的位移曲线与震动台试验相似，都是在输入地震加速度峰值为 0.78g 以后位移响应明显，在此之前的位移较小，可以判断破坏发生在 0.78g 以后。

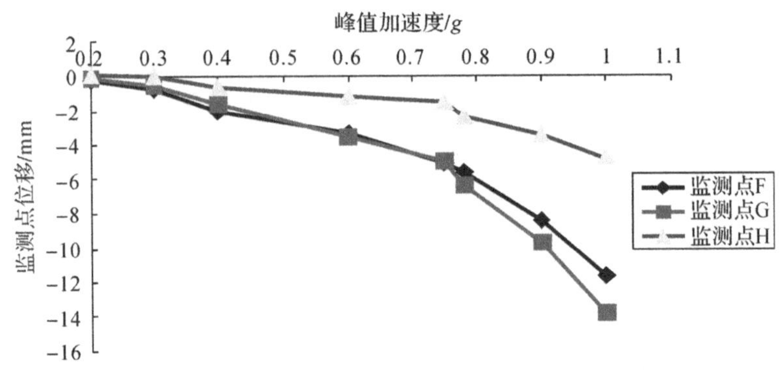

图 4.21　数值计算得到的各监测点的相对位移

依据经验,通过超载法难以判断真实的极限荷载值,需要对不同的极限荷载采用强度折减法,以计算是否收敛进行判断。如果折减 1.01 或 1.02 时计算收敛,表示没有破坏,未达到极限荷载;反之,如果计算不收敛则表示破坏,已达到极限荷载。

如果计算收敛,极限荷载尚可进一步提高;如果刚好达到不收敛,那就是它的极限荷载。当输入地震波峰值加速度为 1.06g 时,结合有限元强度折减完全动力分析法[49],计算该工况条件下边坡的动力安全系数。

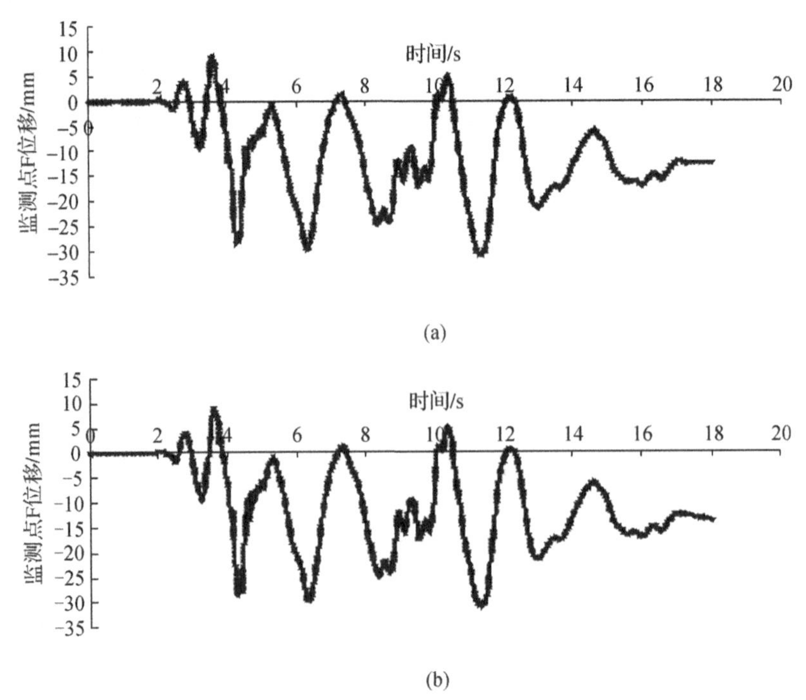

图 4.22　监测点 F 不同折减系数的位移关系曲线图

(a)加速度峰值 1.06g(折减 1.01);(b)加速度峰值 1.06g(折减 1.02)

从图 4.22 可以看出监测点 F 在折减系数为 1.01 时位移收敛，在强度折减 1.02 时对应的监测点位移曲线在地震完后已不收敛，进一步证明上述计算是正确的，所以 1.06g 是极限荷载。

从图 4.23 的边坡剪切增量云图可以看出，由于埋入式抗滑桩的作用，桩后与桩前剪切破坏单元并没有贯通，而是滑面改变了方向，从桩顶越出。在峰值加速度为 1.03g 时，越过桩顶的塑性区尚未贯通[见图 4.23(a)]，而在峰值加速度为 1.04g 时，塑性区贯通[见图 4.23(b)]。结合图 4.21 可以看出，此时边坡并没有整体失稳破坏，还能继续承受一定的荷载，塑性区贯通只是边坡失稳的必要条件，正如前所述，峰值加速度为 1.06g 时边坡发生整体失稳破坏。

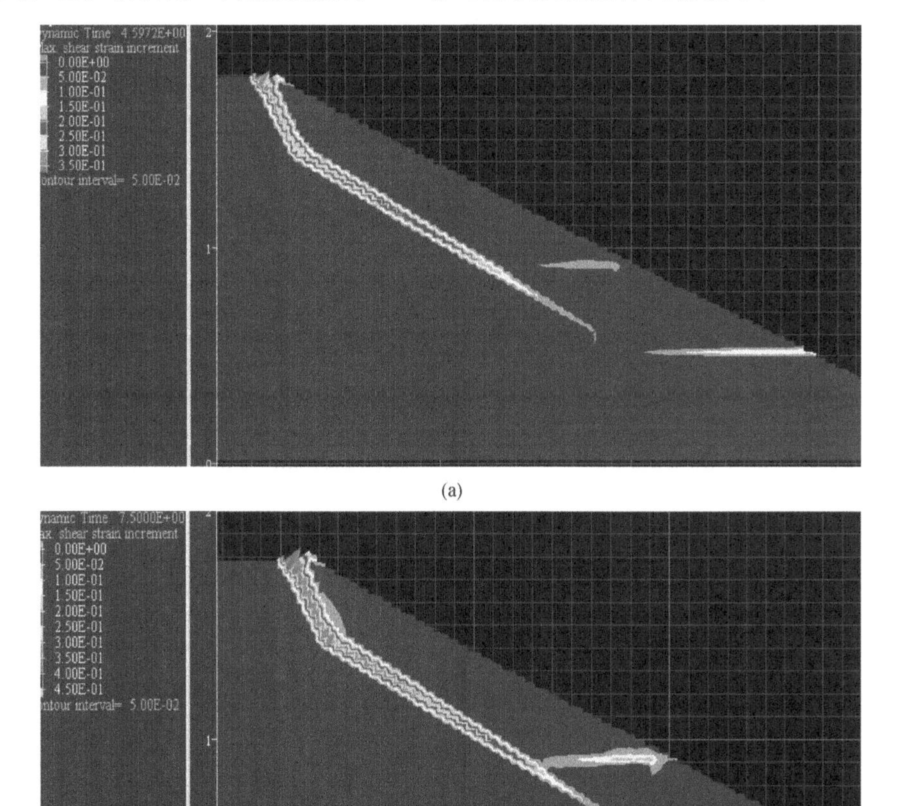

(a)

(b)

图 4.23　边坡剪切增量云图

(a)剪切增量云图(1.03g)；(b)剪切增量云图(1.04g)

从图 4.24 的数值模拟桩后动土压力峰值分布情况上看，随着地震动作用的增大，动土压力也增大，在接近滑带处上部的动土压力最大，模拟结果与试验结果比较吻合。

从图 4.25 可以看出，在地震作用下，桩前抗力在滑带上部桩体分布形式近似于矩形，在桩体中下部的应力水平较高，滑带处较低，也是随着地震作用的增大而增大。

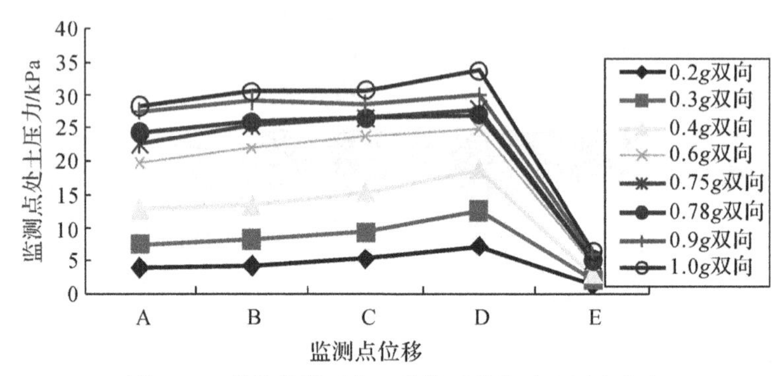

图 4.24　数值模拟下各工况桩后峰值动土压力分布

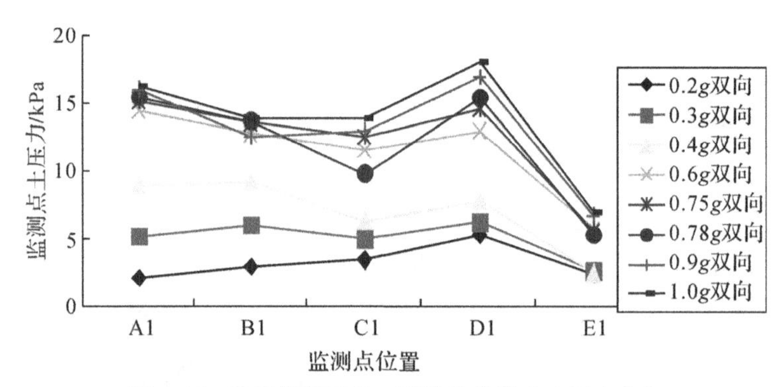

图 4.25　数值模拟下各工况桩前峰值动土压力分布

4.5 本章小结

本章通过大型振动台试验对埋入式抗滑桩支护边坡的动力响应、破坏过程和破坏机制进行了研究，得到了以下结论：

(1)在地震动作用下，埋入式抗滑桩支护边坡首先是坡顶发生拉破坏，当拉裂缝与下面的剪切滑移带贯通时，边坡发生整体失稳破坏，边坡的破坏面不是单纯的剪切滑移面，而是张拉-剪切复合破坏面。

(2)坡面高度越大，加速度放大效应越明显，坡面加速度的放大系数随地震波加速度峰值的增大而减小。

(3)桩前、桩后动土压力随着地震动作用的增大而增大。桩后动土压力在滑带附近上方最大；桩前动土压力在滑带上部、桩体中部响应明显，并且桩身应力成抛物线分布。

(4)数值模拟结果同振动台试验结果比较吻合，表明基于拉-剪破坏的完全动力有限元法[45-46]是一种比较有效的方法，能够很好地反映支护边坡在地震作用下的动力特性、破坏机制以及支护结构与土之间的动力相互作用。

(5)在进行边坡地震作用下稳定性分析时，需要采用多条判据判别。在动载下当采用超载法时，位移收敛判据容易失真，要进一步用强度折减法判别，才能得到真实的极限荷载。

第5章　减震抗滑桩动力特性振动台试验

5.1 引　　言

如前所述，在我国西部地区，对因高切坡作用而失稳的边坡必须提前进行支护处理。抗滑桩作为一种有效的边坡支护形式被广泛采用，但普通抗滑桩多为钢筋混凝土结构，与抗滑桩周围土体的刚度相差很大，两者变形和应力难以协调，导致桩体受力很大，同时滑体自身的抗剪能力也难以发挥[21]。为解决这一问题，何思明等[21]、王培勇等[22]提出了一种超前支护抗滑桩，即在普通桩体后面设置一层EPS柔性材料，在切坡时通过EPS材料自身变形发挥岩土体本身的自承能力，降低抗滑桩的受力。当前对这种抗滑桩的研究还仅仅局限于静力作用，对于地震作用下这种抗滑桩的抗震性能、动力响应规律研究尚属空白。

另外，我国西部地区属于地震较为频繁的地区，地震对结构的破坏非常严重。减震、隔震以及降低地下结构地震下的损害，已经成为岩土界的热点、难点问题。王明年等[113]、孙铁成[114]从理论、试验等方面开展了隧道减震消能方面的研究，得到了隧道减震机理；Bathurst 等[24]提出了在刚性重力式挡墙后设置EPS垫层，以此减震消能、减小结构受力，并通过振动台试验进行了论证。基于隧道、重力式挡墙的减震机理以及EPS垫层的特点，笔者认为通过在普通抗滑桩后增设EPS材料垫层(见图5.2)，可以充当减震层的作用，利用EPS材料的变形允许桩后土体发生一定位移，一方面通过土体的变形消耗地震能量，另一方面土体自身的抗剪能力也得到了发挥，有效地降低了抗滑桩本身的受力和变形，提高了抗滑桩后续的抗震和支护能力。为阐述方便，将地震作用下含EPS垫层的抗滑桩称为减震抗滑桩。

为验证减震抗滑桩的抗震性能，本章开展大型振动台对比试验，通过与普通的抗滑桩进行比较，得到减震抗滑桩的动力响应规律、动土压力、弯矩分布及抗震性能。本章研究成果扩展了这种减震抗滑桩的运用范围，为抗滑桩的抗震设计提供一种新思路。

5.2　抗滑桩土压力的力学特点

抗滑桩前、后承受的土压力和土体位移密切相关，土压力和位移的关系如图 5.1 所示。当桩后土体静止不动时，桩后土压力为静止土压力，数值大于主动土压力，小于被动土压力。静止土压力向主动土压力转化需要土体有一定的位移，从而使桩后土压力下降。在地下工程中抗滑桩常常用于大型的边滑坡工程。由于抗滑桩和周围土体的刚度差异较大，抗滑桩的尺寸也往往较大（工程造价很高），这阻碍了土体的变形，使得抗滑桩承受较大的推力，同时土体自身的抵抗能力也难以发挥。在桩后增设 EPS 垫层后，相同情况下允许桩后土体的额外变形，充分发挥土体自身的抵抗能力，同时又能保证抗滑桩本身变形较小、受力较好，可以减小桩身尺寸，降低工程造价。

值得指出的是，普通抗滑桩增设 EPS 垫层也存在不足之处：①EPS 垫层在切坡或地震作用诱发的滑坡推力作用下会被压薄而无法重复使用；②施工时需要一定的工艺，增加了施工的难度[22]。

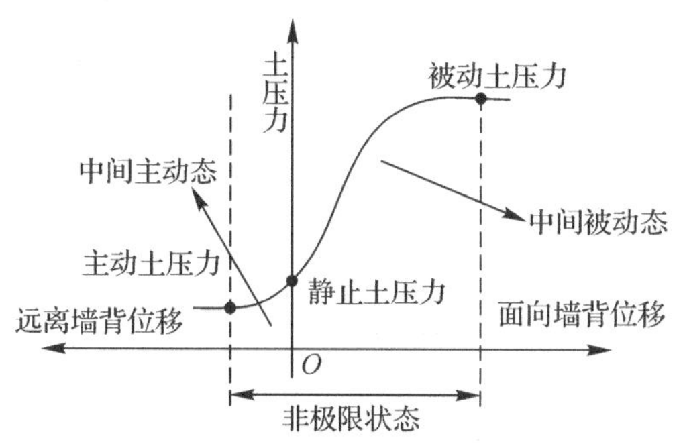

图 5.1　土压力与位移关系曲线

5.3　减震抗滑桩的力学模型

对于地下隧道结构而言，通常是在衬砌外周边与围岩之间设置减震层，将衬砌与围岩隔开，位于围岩和衬砌之间的减震层在地震作用下将发生一定变形，发挥了围岩本身的自承能力，消耗了地震能量，降低了衬砌的受力和变形，减震层最终起到减小衬砌地震响应的作用。对本章的减震抗滑桩而言，基本原理类似，但布设位置略有不同，应针对抗滑桩不同位置的受力特点，设置柔性减震材料EPS。在滑带以下部分的桩体为嵌固段，由于其受力较好，无需设置减震层，而滑带以上、桩身后部在地震作用下主要承受下滑推力作用，应在此处设置减震层（柔性材料），桩身前部土体主要起抗力作用则不设减震层。隧道减震示意图如图 5.2 所示。

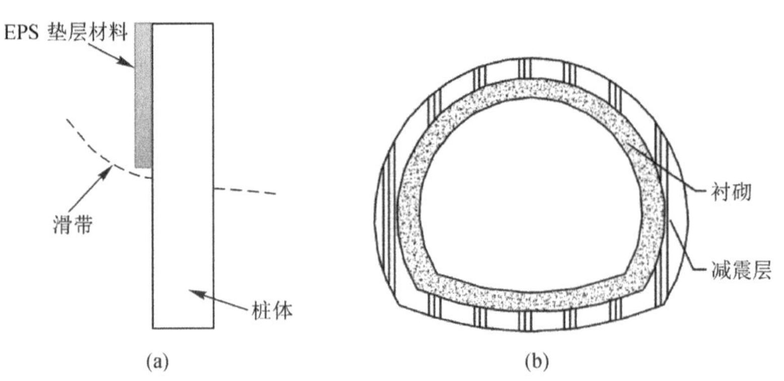

图 5.2　减震抗滑桩及隧道减震示意图

(a)减震抗滑桩;(b)隧道减震

结合隧道减震原理[115-116]，为了推导方便，假定抗滑桩支护边坡存在着传播方向竖直向上的 S 波作用，其振幅为 A，波长为 λ，y 向为竖直方向，则 t 时刻质点的位移方程为

$$U_x = A\cos\left(\omega t - 2\pi \frac{y}{\lambda}\right) \tag{5.1}$$

当抗滑桩柔度特别大，抗滑桩与滑体不发生相对位移时，抗滑桩水平向位移曲率 ρ 满足以下方程：

$$\frac{1}{\rho} = \frac{\partial^2 U_x}{\partial y^2} = -A\left(\frac{2\pi}{\lambda}\right)^2 \cos\left(\omega t - 2\pi \frac{y}{\lambda}\right) \tag{5.2}$$

此时抗滑桩收到的弯矩 M、剪力 Q 分别为

$$M = \frac{E_1 I_1}{\rho} = AE_1 I_1 \left(\frac{2\pi}{\lambda}\right)^2 \cos\left(\omega t - 2\pi \frac{y}{\lambda}\right) \tag{5.3}$$

$$Q = \frac{\partial M}{\partial y} = AE_1 I_1 \left(\frac{2\pi}{\lambda}\right)^3 \sin\left(\omega t - 2\pi \frac{y}{\lambda}\right) \tag{5.4}$$

当抗滑桩与滑体存在相对位移时，将抗滑桩视为弹性地基梁，则微分方程可以写成

$$E_1 I_1 \frac{\partial^4 u_1}{\partial y^4} = P = K_h (U_x - U_1) \tag{5.5}$$

同样地，抗滑桩内力为[115]

$$M = E_1 I_1 \frac{\partial^2 U}{\partial y^2} = AE_1 I_1 R' \left(\frac{2\pi}{\lambda}\right)^2 \cos\left(\omega t - 2\pi \frac{y}{\lambda}\right) \tag{5.6}$$

$$Q = \frac{\partial M}{\partial y} = AE_1 I_1 R' \left(\frac{2\pi}{\lambda}\right)^3 \sin\left(\omega t - 2\pi \frac{y}{\lambda}\right) \tag{5.7}$$

其中，$R' = \left| 1 + \frac{E_1 I_1}{K_h}\left(\frac{2\pi}{\lambda}\right)^4 \right|$；弹性地基梁弹性系数 $K_h = \frac{K_1 K_2}{K_1 + K_2}$，$K_1$ 为抗滑桩弹性系数，K_2 为柔性填充材料弹性系数。按式(5.1)～式(5.5)推导，无填充柔性材料的普通桩存在着 $R'' = \left[1 + \frac{E_1 I_1}{K_1}\left(\frac{2\pi}{\lambda}\right)^4\right]^{-1}$，则柔性填充材料的抗滑桩与普通抗滑桩的内力比 k_R 满足：

$$k_R = \frac{R'}{R''} = \frac{1 + \frac{1}{K_1} E_1 I_1 \left(\frac{2\pi}{\lambda}\right)^4}{1 + \left(\frac{1}{K_1} + \frac{1}{K_2}\right) E_1 I_1 \left(\frac{2\pi}{\lambda}\right)^4} \tag{5.8}$$

同理可得，在竖直向上 P 波作用下，柔性填充材料的抗滑桩与普通抗滑桩的内力比 k'_R 为

$$k'_R = \frac{1 + \frac{1}{K'_1} E_1 I_1 \left(\frac{2\pi}{\lambda}\right)^4}{1 + \left(\frac{1}{K'_1} + \frac{1}{K'_2}\right) E_1 I_1 \left(\frac{2\pi}{\lambda}\right)^4} \tag{5.9}$$

式(5.8)及式(5.9)表明，在一定范围内柔性材料的弹性系数越小，减震抗滑桩的受力越小，减震效果越好。

5.4 减震抗滑桩减震性能振动台试验

5.4.1 试验设备基本情况

试验是在中国地震局工程力学研究所开放实验室的振动台上进行的，该振动台为三向电液伺服驱动式，其基本参数为：最大负重 30t；在 Z 方向能达到的最大位移为 50mm，X、Y 方向位移为 100mm；振动台的尺寸为 5m×5m；在三个方向的最大速度为 50cm/s；最大加速度在 Z 方向为 $0.7g$，在 X、Y 方向为 $1.5g$；实验时 X 方向与边坡坡面的倾向一致，Z 方向为竖直向。振动台的正常工作频率为 0.5～50Hz。

5.4.2 试验模型的设计

图 5.3 为两种对比桩的布置示意图。图示左侧为减震抗滑桩，白色部分为新型桩填充的柔性材料 EPS(柔性材料厚度为 1cm)，右侧为进行对比的普通抗滑桩，桩长 0.52m(在软弱夹层上部为 0.32m)，桩的截面尺寸为 0.06m×0.08m，桩间距为 0.25m。桩体材料采用硬质塑料板黏结而成，其弹性模量为 1 500MPa，柔性材料采用弹性泡沫塑料，弹性模量为 70MPa。试验采用普通刚性箱在四周边界加内衬的方式来降低试验中的边界效应。

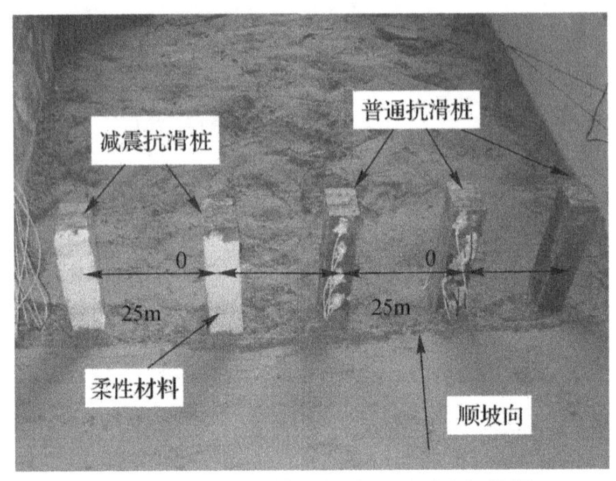

图 5.3 新型桩及普通桩布置示意图(俯视)

对比试验模型为高 1.8m 的单排桩支护边坡，坡角为 23°。在模型坡面上布置了 6 个垂直方向加速度计(B 点、F 点没布置)、8 个水平方向加速度计及 8 个水平位移计，加速度计的工作频率为 0.1～100Hz、量程为 5g；水平位移传感器记录的是相对于振动台台面的相对位移，分辨率为 0.1mm。布设在普通抗滑桩处的监测点从坡顶向下依次记为 A、B、C、D，布设在减震抗滑桩处的监测点从坡顶向下依次记为 E、F、G、H，具体如图 5.4 和图 5.5 所示。

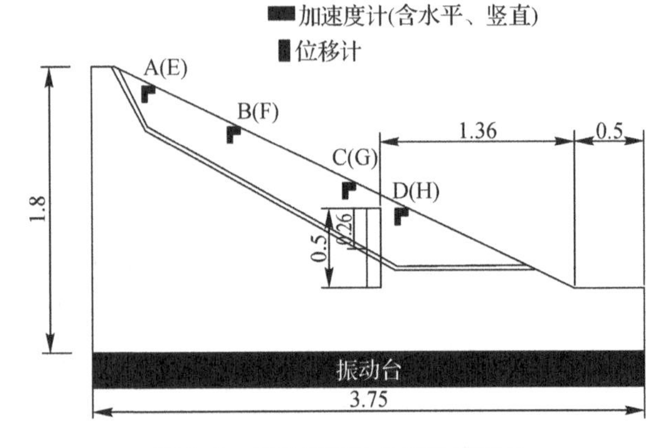

图 5.4 抗滑桩振动台试验模型示意图(侧视图，单位：m)

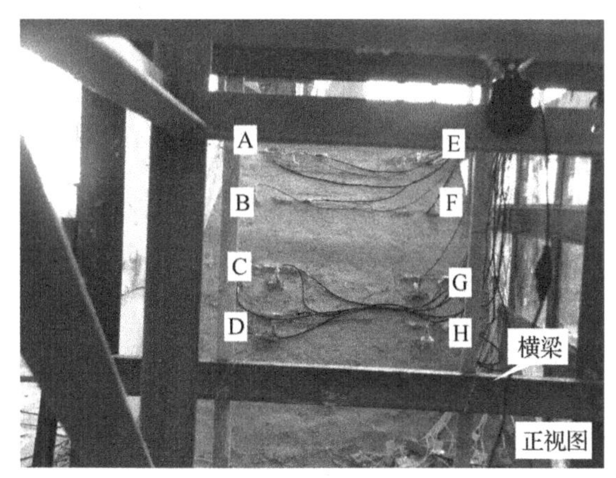

图 5.5　模型及监测点布置正视图

5.4.3　相似比的选取

值得指出的是，本次试验并不针对某一特定的边坡工程，但为应用方便，假定存在试验模型放大 20 倍的工程原型。根据第 2 章分析可知，由于土体的复杂性，将原型按照相似理论进行缩放后，很难找到完全满足所有相似比的试验材料，需根据试验目的进行判断。本章重点在于研究减震抗滑桩与普通抗滑桩支护边坡的动力响应和裂缝的演化发展过程，侧重强度相似，弹性模量只是近似满足。同第 2 章一样，本次试验同样采用林皋等[109]提出的重力相似律及量纲分析法[88]进行推导，选取长度、密度、加速度作为基本控制量，其中 $S_l=20$、$S_\rho=1$，其余物理量利用 π 定理导出，最终得到材料的相似比，见表 5.1。

表 5.1　模型主要相似常数

物理量	相似关系	相似常数	物理量	相似关系	相似常数
密度	S_ρ	1	内摩擦角	$S_\varphi=1$	1
长度	S_l	20	黏聚力	$S_c=S_\rho S_l$	20
弹性模量	$S_E=S_\rho S_l$	20	时间	$S_t=S_l\ (S_\rho/S_E)^{0.5}$	4.47
应变	$S_\varepsilon=1$	1	频率	$S_f=1/S_t$	0.223
加速度	$S_a=S_E/(S_l S_\rho)$	1	应力	$S_\sigma=S_E S_\varepsilon$	20

试验岩土材料采用标准砂、石膏粉、滑石粉、甘油、水泥、水为基本材料，通过

实验室进行相关试验来确定材料参数，最后选择配合比及材料的参数见表 5.2。

表 5.2 模型材料配合

材料编号	材料配合比/(%)						黏聚力/kPa	内摩擦角/(°)	弹性模量/MPa
	石英砂	石膏	滑石粉	水泥	水	甘油			
滑体	70.5	11.2	7.85	0.05	10.2	0.2	10.5	31.5	23
软弱夹层	70.5	10	9.1	0.0	10.2	0.2	5	29	6
基岩	70.5	12	7	0.27	10.2	0.03	54	34.6	58

5.4.4 试验工况

试验选择 Wenchuan 地震波作为地震响应的激励，输入峰值从 0.1g 开始逐级施加，直到 1.0g，以此来探讨地震动强度的影响。输入的双向地震波（X、Z 向）均取自现场监测数据，其中水平向（X 向）为边坡倾向方向。汶川地震统计资料及相关设计规范都表明，地震动竖向峰值加速度与水平向比值接近 2/3[118]，因此实验竖向加速度峰值按水平向峰值折减 2/3 后加载。将所有的地震波按照时间压缩比为 $1:\sqrt{20}$ 进行了压缩，压缩后的 X、Y 向波形如图 5.6 所示。

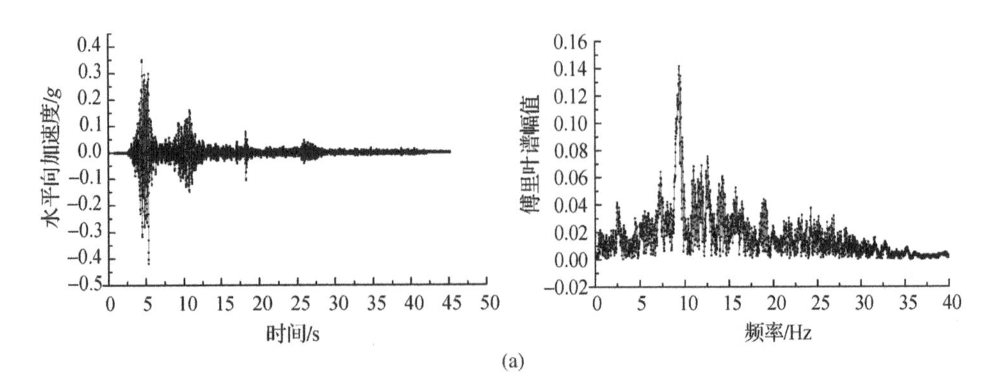

图 5.6 模型试验输入的双向加速度时程曲线

(a)水平向；

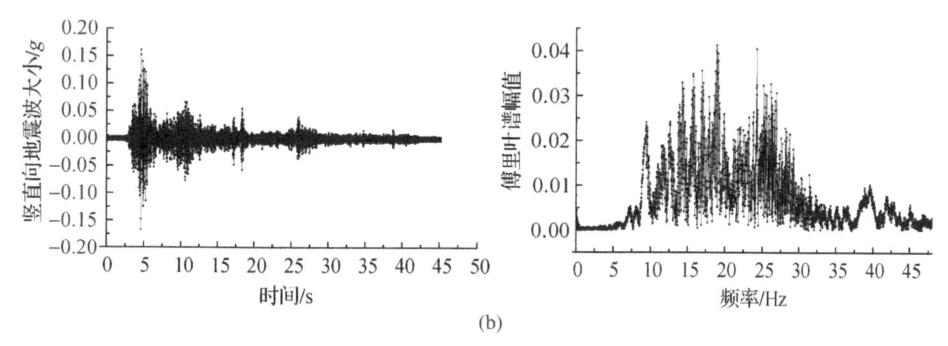

(b)

续图 5.6　模型试验输入的双向加速度时程曲线

(b)竖直向

由图 5.6 可知，试验中输入的水平向地震波的主要能量集中于 5～20Hz，竖直向地震波的主要能量集中于 10～30Hz，水平向的傅里叶谱幅值要明显大于竖直的幅值。将各工况信息进行统计，结果列于表 5.3 中。

表 5.3　输入地震波信息

工况	地震波类型	地震波加速度峰值/g	工况	地震波类型	地震波加速度峰值/g
1	白噪声	0.05g	6	汶川波	0.6g(X、Z)
2	汶川波	0.1g(X、Z)	7	汶川波	0.7g(X、Z)
3	汶川波	0.2g(X、Z)	8	汶川波	0.8g(X、Z)
4	汶川波	0.3g(X、Z)	9	汶川波	0.9g(X、Z)
5	汶川波	0.4g(X、Z)	10	汶川波	1.0g(X、Z)

注：X、Z 表示的是水平及竖直双向。

5.4.5　试验结果的对比

1. 桩身位移对比

图 5.7 中记录的数据为抗滑桩与模型箱横梁(见图 5.4)的相对水平距离，初始相对距离为 185cm。试验完后普通桩的距离变为 178.3cm，水平位移 6.7cm；减震抗滑桩距离变为 179.7cm，水平位移 5.3cm，前者大约多移动了 1.4cm。由位移的试验结果可知：采用 EPS 柔性填充材料的减震抗滑桩能有效减小桩体本身的位移，使得减震抗滑桩的后续承载能力比普通抗滑桩要大。

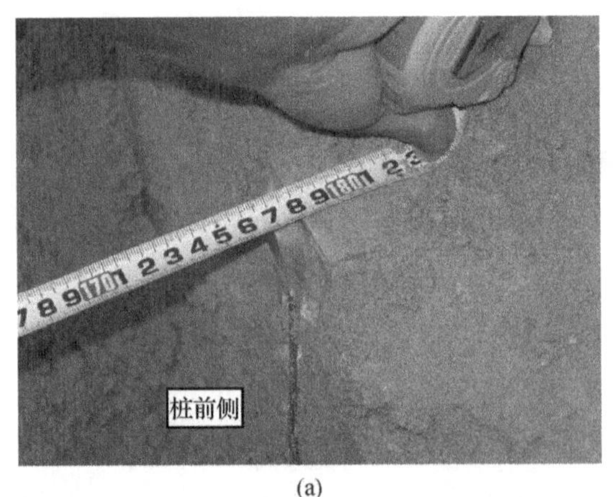

(a)

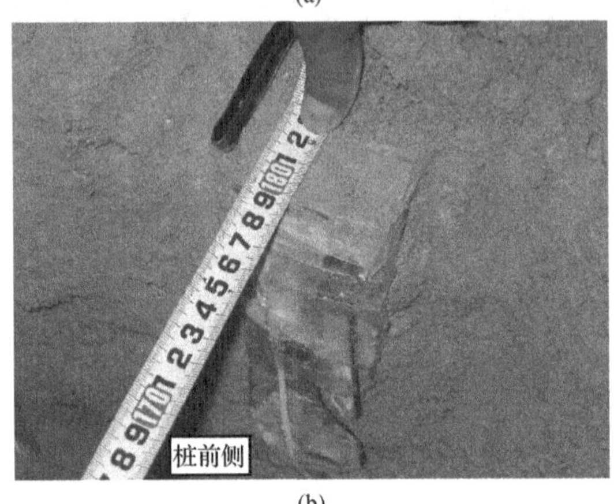

(b)

图 5.7 两种抗滑桩震后位置变化图

(a)普通抗滑桩;(b)减震抗滑桩

2. 坡面加速度响应对比

(1)水平加速度对比。图 5.8 为当输入水平地震波峰值为 0.6g 时,普通抗滑桩上监测点的水平加速度响应时程曲线。可以看出,各监测点的水平加速度响应都大于输入的地震波,与第 3 章一样,其坡面存在一定的加速度放大效应。其中监测点 A 的加速度响应最为明显,加速度放大系数约为 2.28,监测点 D 的响应最小,加速度放大系数约为 1.34。显然,监测点在坡面的位置越高,其水平加速度放大效应越明显。从各监测点的傅里叶谱上看:坡面土体地震响应频谱成分主要集中于 5～30Hz,在 15Hz 和 10Hz 附近响应最为明显;在 5～20Hz 频段,监测点 A 的响应最为明显,其傅里叶幅值最大,D 点的傅里叶幅值最小;频率超过 30Hz 以后,D 点的傅里叶幅值最大。试验数据基本符合岩土体低频放大、高频滤波的一般规律。

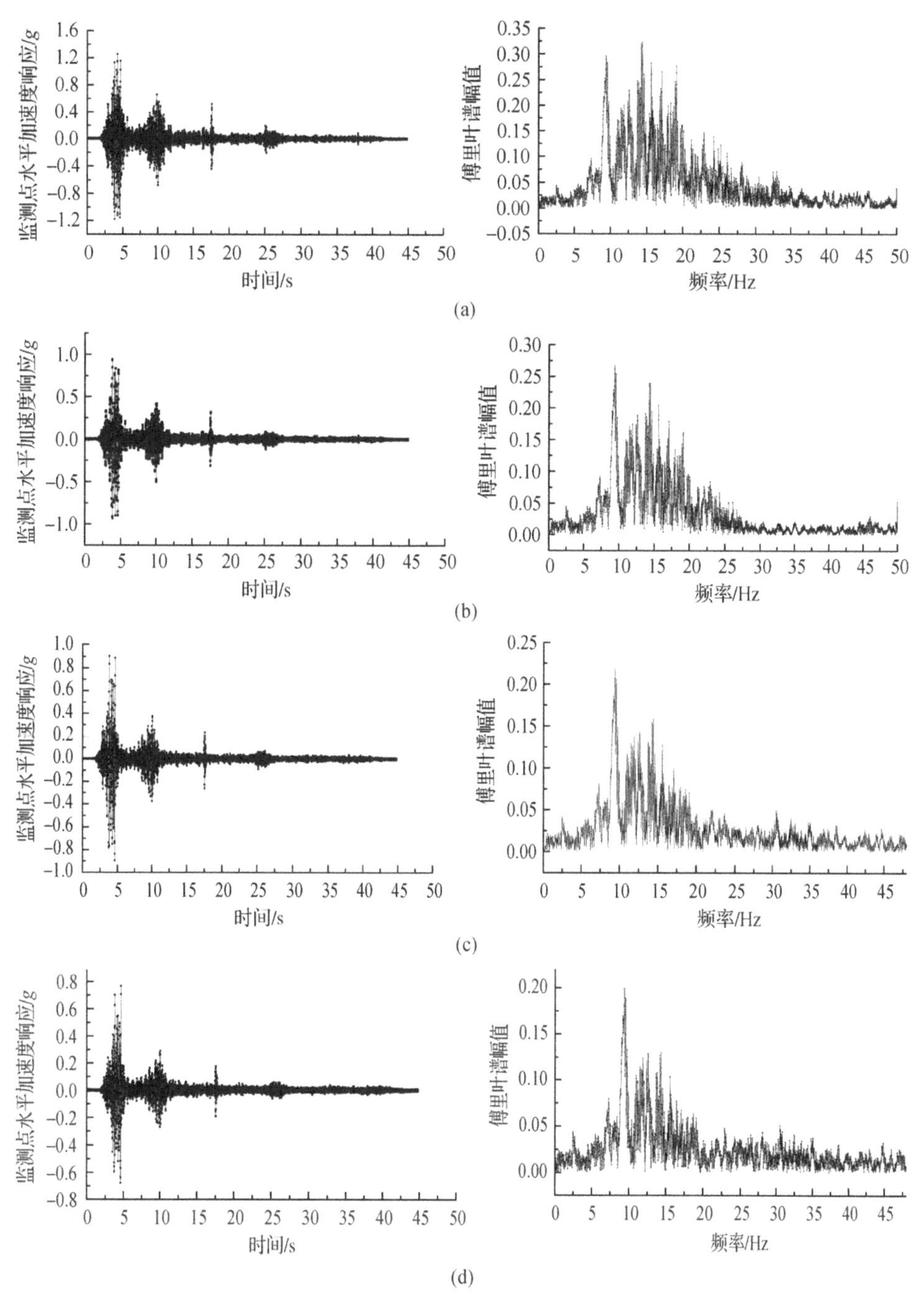

图 5.8　监测点水平加速度响应时程曲线(普通抗滑桩，0.6g)

(a)监测点 A;(b)监测点 B;(c)监测点 C;(d)监测点 D

图5.9为当输入水平地震波峰值为0.6g时，减震抗滑桩上监测点的水平加速度响应时程曲线。可以看出，各监测点的水平加速度响应同样大于输入的地震波，其坡面存在一定的加速度放大效应，其中监测点E加速度放大系数约为2.17，监测点G的响应最小，加速度放大系数约为1.17。从各监测点的傅里叶谱上看：坡面土体地震响应频谱成分主要集中于5～25Hz，在15Hz和10Hz附近响应最为明显；在8～20Hz频段，监测点E的响应最为明显，其傅里叶幅值最大，G点的傅里叶幅值最小。

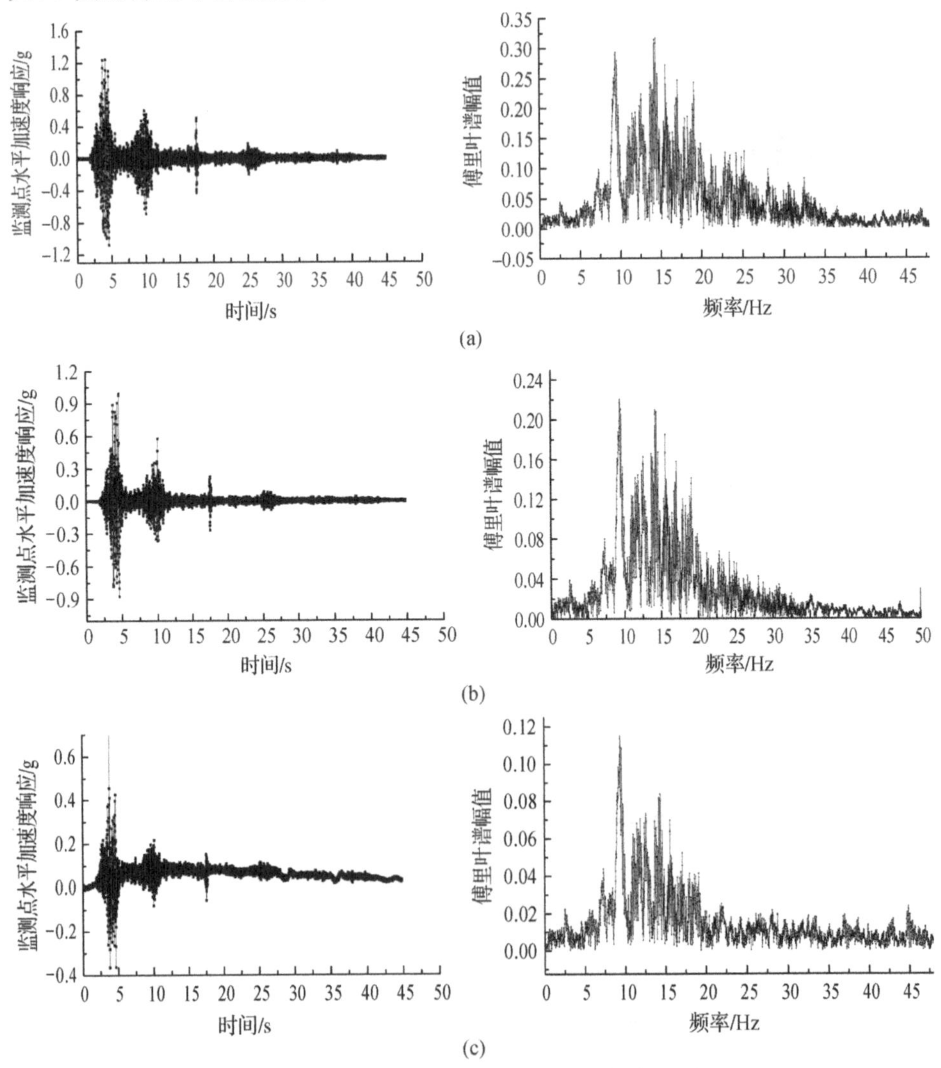

图5.9　监测点水平加速度响应时程曲线(减震抗滑桩，0.6g)

(a)监测点E；(b)监测点F；(c)监测点G

(2)竖直加速度对比。图 5.10 为当输入水平地震波峰值为 0.6g、竖直地震波峰值为 0.28g 时，在普通抗滑桩处监测点的竖直加速度响应时程曲线。可以看出，各监测点的竖直加速度响应都大于输入的地震波，监测点竖向加速度在坡面处也存在一定的加速度放大效应，其中监测点 A 的加速度响应最为明显，加速度放大系数约为 3.09，监测点 D 的响应最小，加速度放大系数约为 1.09。显然，监测点在坡面的位置越高，其竖向加速度放大效应越明显。从各监测点的傅里叶谱上看：坡面土体地震响应频谱成分主要集中于 8～30Hz，在 18Hz 和 23Hz 附近响应最为明显；在 8～30Hz 频段，监测点 A 的响应最为明显，其傅里叶幅值最大，D 点的傅里叶幅值最小。

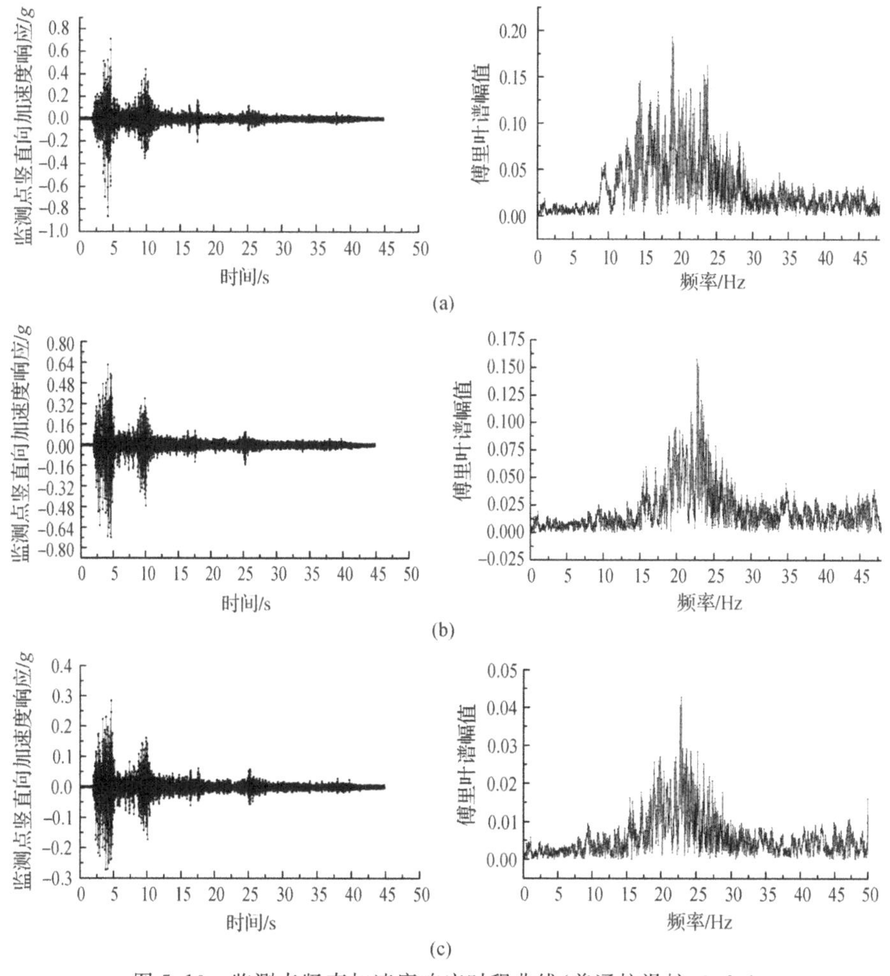

图 5.10　监测点竖直加速度响应时程曲线(普通抗滑桩，0.6g)

(a)监测点 A；(b)监测点 C；(c)监测点 D

图 5.11 为当输入水平地震波峰值为 0.6g、竖直地震波峰值为 0.28g 时，减震抗滑桩的监测点竖直加速度响应时程曲线。由于监测点 F 处的竖直加速度计在地震中损坏，因此没有该处的数据。从图 5.11 中可以看出，各监测点的竖直加速度响应都大于输入的地震波，监测点竖向加速度在坡面也存在一定的加速度放大效应，其中监测点 E 的加速度响应最为明显，加速度放大系数约为 2.78，监测点 H 的响应最小，加速度放大系数约为 1.07。从各监测点的傅里叶谱上看：坡面土体地震响应频谱成分主要集中于 8～30Hz，在 15Hz 和 24Hz 附近响应最为明显；在 8～30Hz 频段，监测点 E 的响应最为明显，其傅里叶幅值最大，H 点的傅里叶幅值最小。

将图 5.10 和图 5.11 对比后可知，处于同一高度的监测点，减震抗滑桩支护边坡的加速度响应以及傅里叶谱幅值均小于普通抗滑桩。试验现象表明，EPS 减震层的存在使得减震抗滑桩的抗震性能要好于普通抗滑桩，EPS 垫层能够降低坡体在地震作用下的剧烈程度。

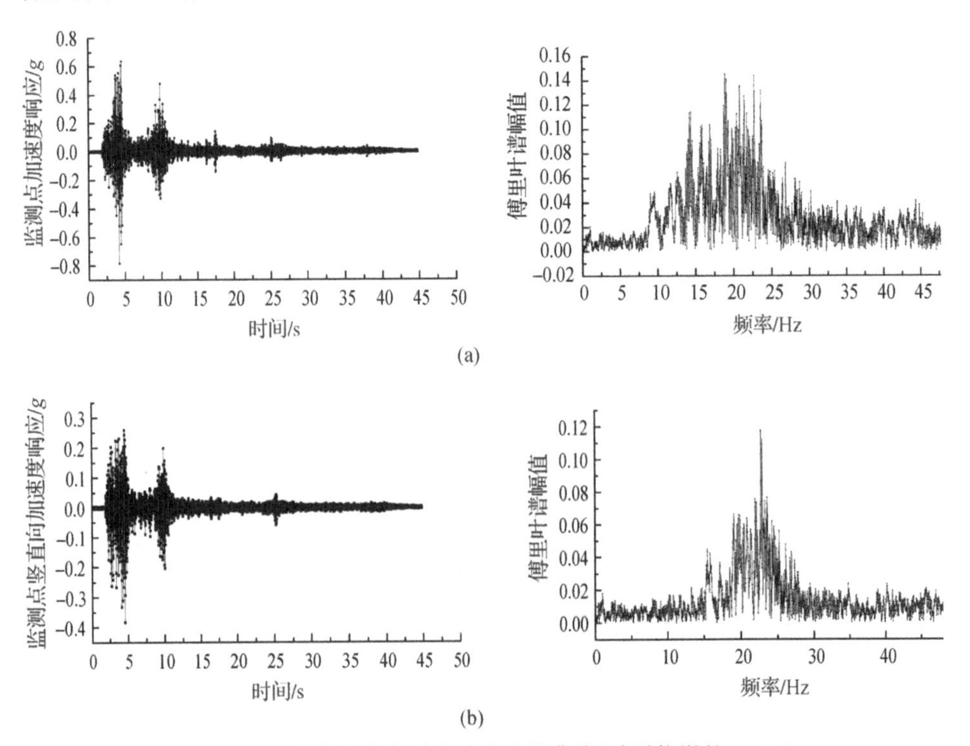

图 5.11 监测点竖直加速度响应时程曲线(减震抗滑桩，0.6g)

(a)监测点 E；(b)监测点 G；

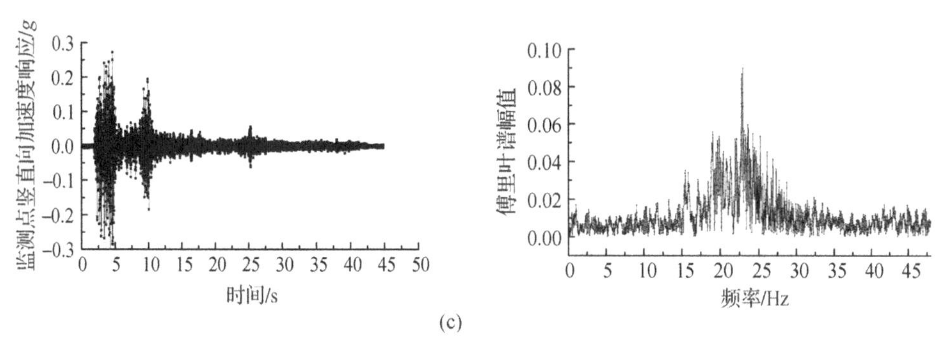

续图 5.11　监测点竖直加速度响应时程曲线(减震抗滑桩,0.6g)

(c)监测点 H

3. 桩身动土压力对比

为比较两种抗滑桩在地震作用下的动力受力情况,在桩身前、后两侧各设置了 5 个土压力盒,土压力盒的位置及具体编号如图 5.12 所示,其中 A5、A10、A15、A20 位于软弱夹层处(即滑带处)。由于位于基岩的桩体受力状态要明显好于处于下滑体中的那部分桩体,因此试验主要针对软弱夹层及以上部分桩体的动土压力进行分析。

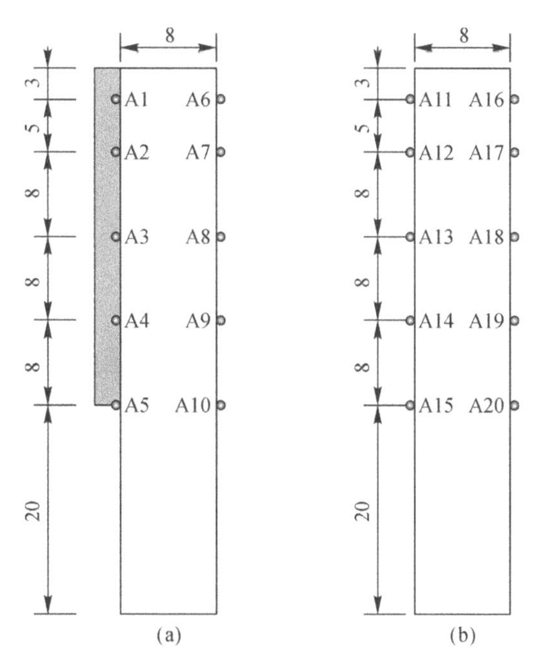

图 5.12　两种抗滑桩土压力盒布置图(单位:cm)

(a)减震抗滑桩;(b)普通抗滑桩

值得指出的是，由于试验时，输入地震幅值由小到大，位移及桩身动土压力响应存在一定的累积效应，为避免这种效应带来的影响，本章所列图表的数值大小都为扣除上一步加载工况后的值。

图 5.13 为在峰值为 0.4g 地震作用下普通抗滑桩监测点 A11～A15 的动土压力时程曲线。从图 5.13 中可以看出：桩身动土压力随着时间不断变化，在 4s 附近达到最大值。为更好地比较柔性材料的减震效果，同时满足工程中安全的需要，下面从地震波作用的不同时刻及峰值动土压力两个方面进行对比，得到减震抗滑桩动土压力的响应特点。

(1)不同时刻动土压力分布情况对比。为使动土压力的表示更为直观，便于试验结果运用于工程，本章直接采用桩顶距离-动力压力关系曲线来表达动土压力的分布形式，此时 A1 点正好对应距桩顶 3cm 的数据，A2 点对应距桩顶 8cm 的数据（见图 5.12），其他各监测点以此类推。

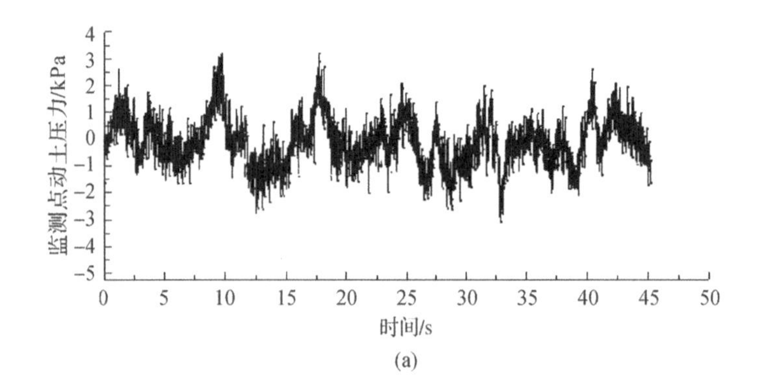

(a)

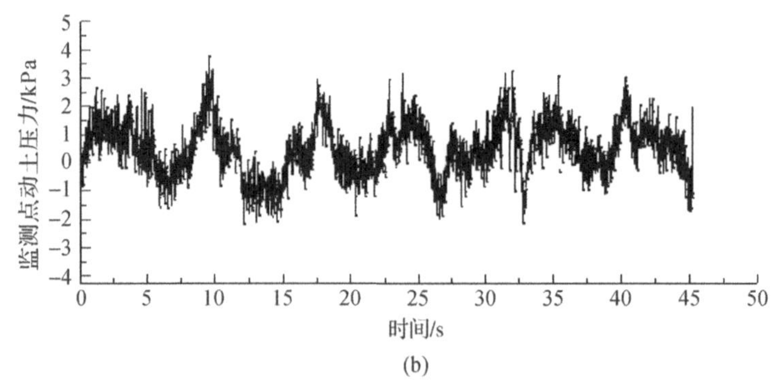

(b)

图 5.13　监测点动土压力时程曲线(0.4g)

(a)监测点 A11；(b)监测点 A12；

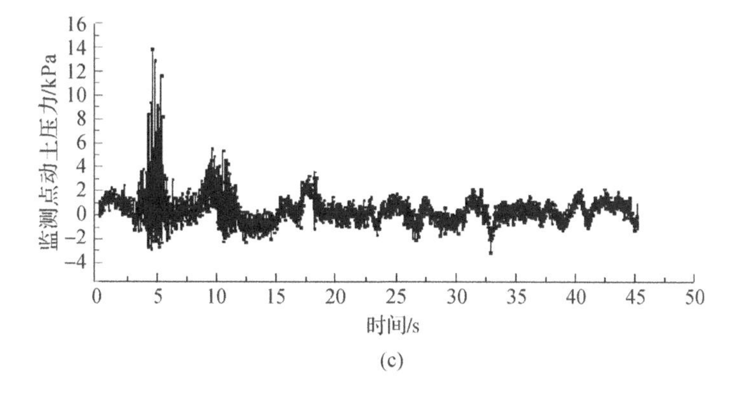

(c)

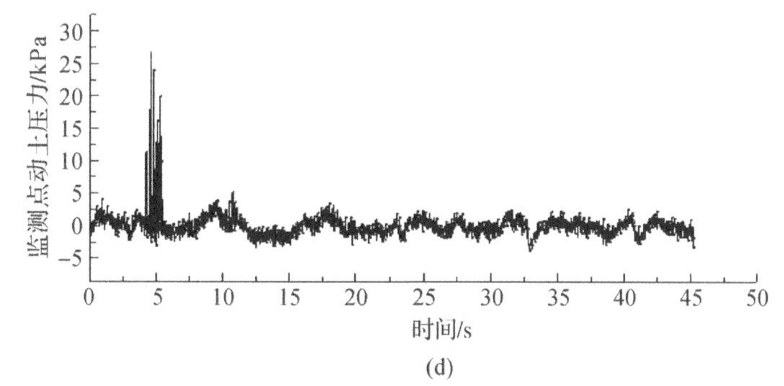

(d)

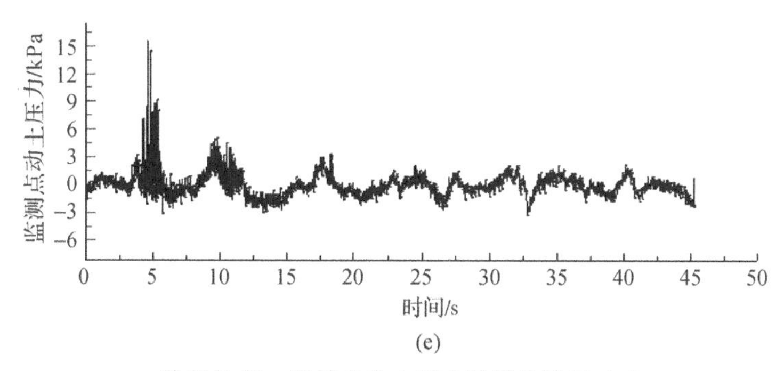

(e)

续图 5.13　监测点动土压力时程曲线(0.4g)

(c)监测点 A13;(d)监测点 A14;(e)监测点 A15

图 5.14 为两种抗滑桩在不同地震时刻的桩后动土压力分布对比情况。可以看出:桩后动土压力随着地震进行而不断变化,在 4～5s 附近响应最为明显;随着桩后土体埋深增大,动土压力主要呈增大趋势,在靠近滑带处为最大值;由于存在 EPS 减震层,减震桩的峰值动土压力要小于普通抗滑桩,大约为后者的 77%。

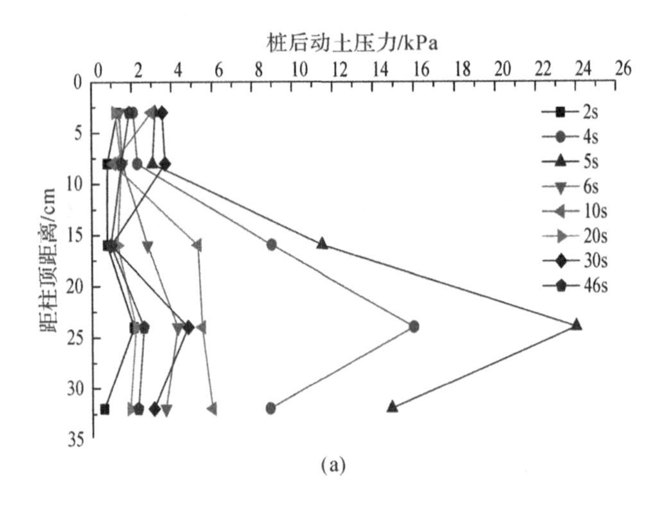

(a)

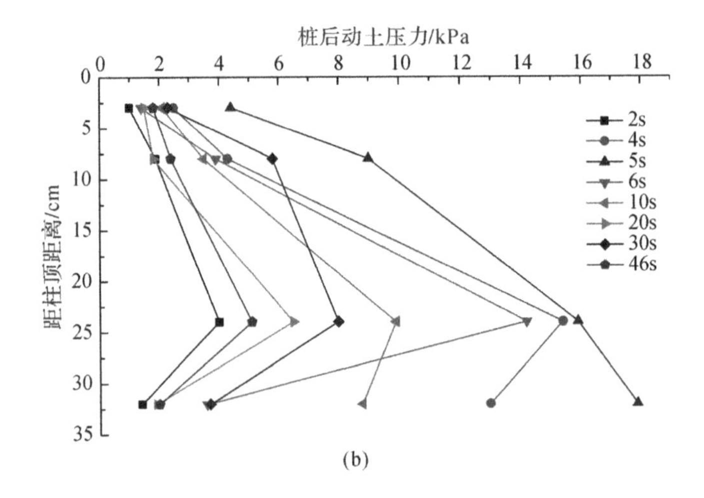

(b)

图 5.14　两种抗滑桩不同时刻桩后动土压力分布对比(0.4g)

(a)普通桩;(b)减震抗滑桩

图 5.15 为两种抗滑桩在不同地震时刻的桩前动土压力分布对比情况,同样可以看出:桩前动土压力在第 5s 附近响应最为明显;桩前动土压力随着监测点深度的增加,数值越大,在靠近滑带处越接近最大值;在相同条件下,普通抗滑桩的桩前动土压力要略大于减震抗滑桩。

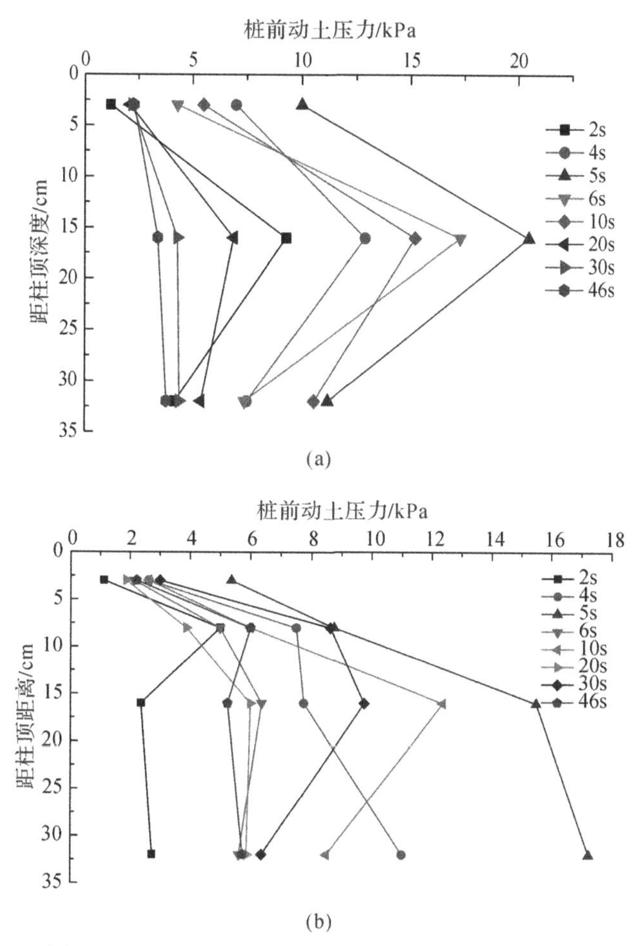

图 5.15　两种抗滑桩不同时刻桩前动土压力分布对比

(a)普通桩(A17、A19 已坏);(b)减震抗滑桩

(2)桩身弯矩对比。由梁的弯曲理论,弯矩 M、应变 ε、曲率 k 存在以下关系[117]:

$$M/EI = 1/\rho = k = (\varepsilon_t - \varepsilon_c)/h \tag{5.10}$$

则

$$M = EI(\varepsilon_t - \varepsilon_c)/h = Ebh^2(\varepsilon_t - \varepsilon_c)/12 \tag{5.11}$$

其中,下标 t、c 分别表示受拉和受压(两者符号相反);h 为桩的厚度;b 为宽度。

由式(5.11)可知,利用应变片监测数据可得桩的弯矩分布。同动土压力一样,抗滑桩弯矩也随着地震作用而不断变化,为保证工程安全的需要,对不同位置的峰值弯矩进行统计,结果如图 5.16 所示。

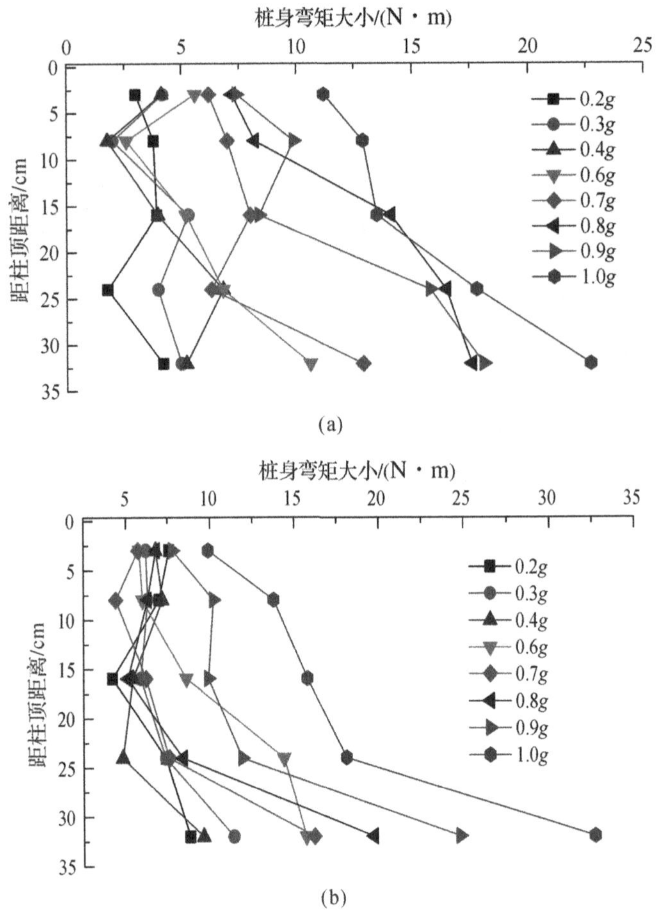

图 5.16　不同工况下两种抗滑桩弯矩峰值对比

(a)减震抗滑桩;(b)普通抗滑桩

由图 5.16 可知:桩顶处的桩身弯矩数值较小,埋深越大数值也越大,接近滑面处弯矩达到最大值;除个别数据外,减震抗滑桩的弯矩要普遍小于普通抗滑桩,表明柔性减震层有效地减小了桩身内力。

5.5　本章小结

通过振动台试验,对比了减震抗滑桩(含 EPS 垫层)与普通抗滑桩支护边坡的破坏形式、加速度响应及桩身动土压力和弯矩的分布情况,得到了以下结论:

(1)探讨了减震抗滑桩的减震机理,计算表明 EPS 减震层的存在能够降低抗滑桩在地震作用下的受力情况，提高抗滑桩的抗震性能。

(2)在地震作用下，两种抗滑桩结构支护边坡的最终破裂面均不是纯剪切破坏，而是由拉-剪破裂面组成。

(3)地震作用后，由于减震抗滑桩存在 EPS 垫层(减震层)，吸收部分地震能量，从而使减震抗滑桩自身的最终位移小于普通抗滑桩，提高了抗滑桩支护功能和后续抗震能力的发挥。

(4)两种支护形式都存在随着地震作用的增大，监测点的加速度响应越来越明显，监测点在坡面上的位置越来越高，加速度响应越来越大的特点。除少量数据外，在同一高度、相同条件下，减震抗滑桩的监测点加速度响应峰值要小于普通抗滑桩，前者的抗震性能要优于普通桩。

(5)减震抗滑桩与普通抗滑桩的桩身动土压力和弯矩的分布形式接近，但减震抗滑桩数值更小。EPS 减震层在降低滑体的下滑推力时，并不影响桩前抗力的发挥，前者的动力受力性能更优。另外，随着地震作用的增大，两种抗滑桩靠近滑带处(软弱夹层)的桩身动土压力和弯矩增长都较快，因此在抗震设计时需要对这部分桩体进行加强。

第6章　双排抗滑桩振动台试验

6.1　抗滑桩试验基本情况

本次试验在中国地震局工程力学研究所开放试验室的振动台上进行，该振动台为三向电液伺服驱动式，其基本参数为：最大负重30t；在Z方向能达到的最大位移为50mm，X、Y方向位移为100mm；振动台台面尺寸为5m×5m；在三个方向的最大速度为50cm/s；最大加速度大小：在Z方向为$0.7g$，在X、Y方向为$1.5g$；试验时X向与坡面的倾向一致，Z向为竖直向。振动台的正常工作频率为0.5～50Hz。

6.2　试验的相似比选取

值得指出的是，本次试验并不针对某一特定的边坡工程，但为方便应用，假定存在试验模型放大20倍的工程原型。根据前述相似定律的分析，由于土体较复杂，原型按照相似理论进行缩放后，很难找到完全满足所有相似比的试验材料[48]，需根据试验目的进行判断。本章重点在于研究双排桩支护边坡的动力响应和裂缝的演化发展过程，侧重强度相似，弹性模量只是近似满足。因此，采用林皋等[109]提出的重力相似律，结合量纲分析法[88]进行推导，选取密度、加速度、长度作为基本控制量，其中$S_\rho=1$，$S_a=1$，$S_l=20$，其余物理量利用π定理导出，最终得到材料的相似比，具体见表6.1。

表 6.1　主要相似常数

物理量	相似关系	相似常数	物理量	相似关系	相似常数
密度	S_ρ	1	内摩擦角	$S_\varphi=1$	1
长度	S_l	20	黏聚力	$S_c=S_\rho S_l$	20
弹性模量	$S_E=S_\rho S_l$	20	时间	$S_t=S_l\ (S_\rho/S_E)^{1/2}$	4.472
应变	$S_\varepsilon=1$	1	频率	$S_f=1/S_t$	0.223
加速度	$S_a=S_E/(S_l S_\rho)$	1	应力	$S_\sigma=S_E S_\varepsilon$	20

1. 模型的制作

试验模型为高度 1.8m 的支护边坡，坡面分为两个，将紧挨坡顶的坡面标为 2#，将两桩之间的坡面标为 1#，2# 边坡的坡率为 1∶1.04，1# 边坡的坡率为 1∶1.11，如图 6.1 所示。2# 坡面共设 5 排锚杆，锚杆端头设置在坡面上，锚杆水平、竖向间距为 0.125m，锚杆的锚固段长度为 0.3m，锚杆总长度为 0.4～0.59m。第一排桩长 0.35m，第二排桩长 0.65m，桩的截面尺寸为 0.06m×0.08m，桩间距 0.25m。

振动台模型试验为对比试验，其中图 6.1 显示的是锚杆和抗滑桩联合支护侧的示意图。为得到地震作用下结构的动力响应规律，在边坡模型中放置了加速度计、位移计，在抗滑桩两侧同一高度放置了动土压力盒和应变片。

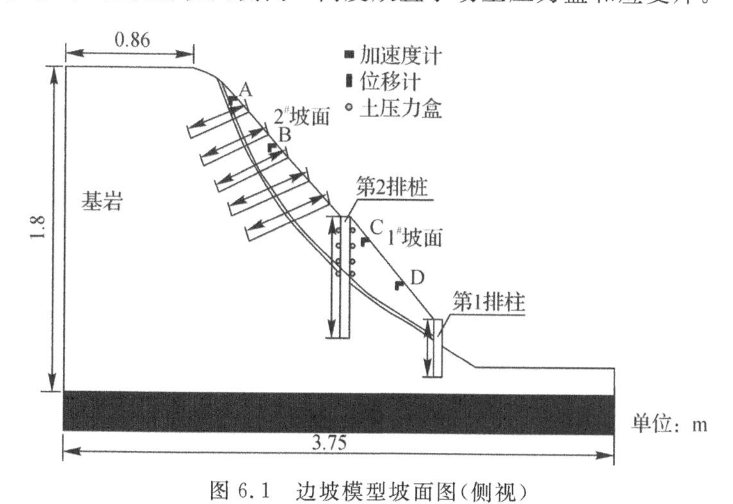

图 6.1　边坡模型坡面图(侧视)

试验所用相似材料以标准砂、石膏粉、滑石粉、水泥、水为基本材料，按照正交设计，通过在试验室进行相关试验来确定材料参数，最终选择的配合比见表6.2。

表 6.2　模型材料配合

材料	材料配合比/(%)					
	石英砂	石膏	滑石粉	水泥	水	甘油
软弱夹层	70.5	10	9.1	0	10.2	0.2
滑体	70.5	11.2	7.8	0.05	10.2	0.25
基岩	70.5	12	7	0.13	10.2	0.17

2. 模型箱及边界条件处理

在现阶段的振动台模型试验中，模型箱主要有三种形式，即层状剪切变形模型箱、圆筒型柔性容器及普通刚性箱。为减小模型箱边界对入射波的反射，削弱“模型箱效应”，本试验中采用普通刚性箱在四周边界加内衬的方式进行。通过控制相似材料的相似密度，将相似材料放入模型箱后进行分层碾压，制作完成后的模型如图 6.2 所示。将制作完成的模型试样进行材料参数试验，得到最终相似材料的参数见表 6.3。

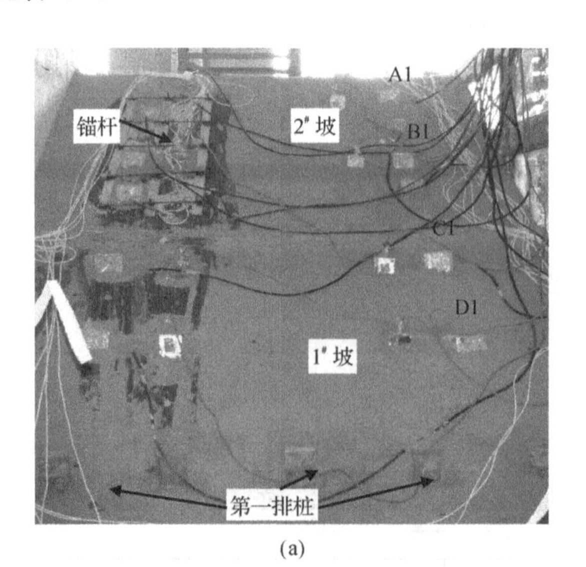

(a)

图 6.2　试验前边坡的最终模型

(a)正视图；

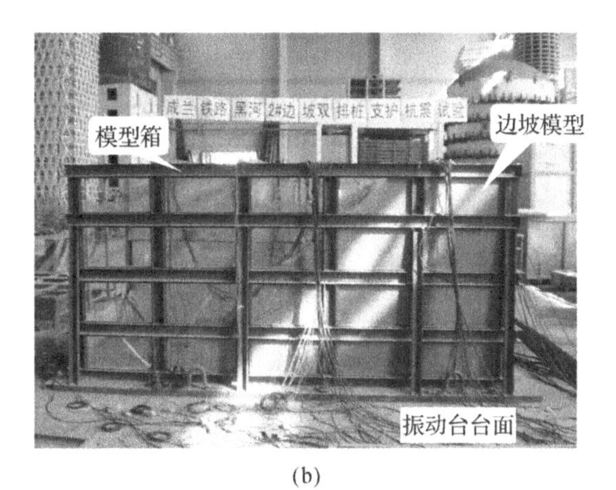

(b)

续图 6.2　试验前边坡的最终模型

(b)侧视图

表 6.3　模型材料物理力学参数

材料	重度/($kN \cdot m^{-3}$)	弹性模量/MPa	泊松比	黏聚力/kPa	内摩擦角/(°)	抗拉强度/kPa
基岩	23.5	53	0.25	30	39	20*
滑体	23	20	0.30	18	33	9*
软弱夹层	22	6	0.33	4	28.5	3*
桩	25	1.18×10^{3}	0.2*	弹性材料处理		
锚杆	25	2.0×10^{3}	0.2*	弹性材料处理		

注:标*代表数据经验值。

3. 监测点及输入地震波

为了研究试验中坡面的加速度及位移响应,在模型坡面上布置了 4 个垂直方向加速度计、4 个水平方向加速度计及 4 个水平位移计,各监测仪器分别布设在两个坡面上,同一高度处的加速度计及位移计位于坡面的同一位置。有锚杆侧的监测点用 A、B、C、D 表示,无锚杆侧的监测点用 A1、B1、C1、D1 表示,如图 6.2 所示。为进一步分析双排桩及锚杆的动力受力情况,分别在桩及锚杆上设置了土压力盒及应变片,抗滑桩具体布置及编号如图 6.3 所示(其中监测点 A4、A8 及 B3 位于软弱夹层处)。

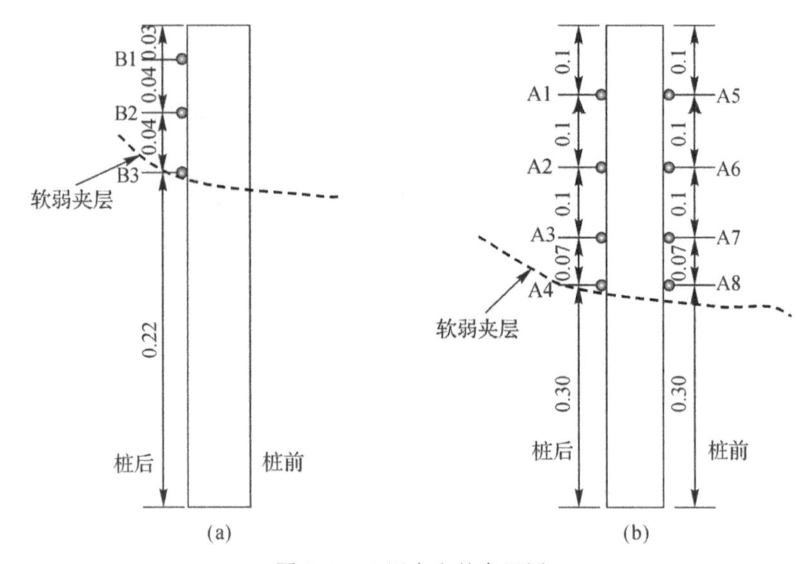

图 6.3　土压力盒的布置图

(a)第一排桩土压力盒布置;(b)第二排桩土压力盒布置

试验在 2# 坡面的左侧共设 5 排锚杆,锚杆的编号分别为 1# ～5#,各排锚杆端头设置在框架梁的节点上,锚杆水平、竖向间距分别为 0.125m 及 0.18m,锚筋采用直径为 5mm 的 335HRB 钢筋,锚杆的锚固段长度相同,均为 0.3m,锚杆总长度为 0.4～0.59m。

为探讨试验中多排锚杆在地震作用下的动力响应,在各排锚杆均贴有 3 个应变片,第一排从外到内依次记为测点 1、测点 2、测点 3,其余各排锚杆测点按顺序编号(试验中,第三排与第四排的测点 10 及测点 11 应变片受到损坏,没有数据记录)。每一排锚杆应变片的前两位编号位于自由段内,后一位位于锚固段内,如第一排锚杆中的测点 1、测点 2 位于自由段,测点 3 位于锚固段。

加速度计的工作频率为 0.1～100Hz,量程为 5g。水平位移传感器的分辨率为 0.1mm,记录的是相对于振动台台面的相对位移。试验选择 Wenchuan(汶川)、EI Centro、Taft 三种地震波作为地震响应的激励,输入峰值从 0.1g 开始逐级施加,直到 1.0g,以此来探讨地震动强度的影响。输入的双向地震波(X、Z 向)均取自现场监测数据,其中水平向(X 向)为边坡倾向方向。由于统计资料表明地震动峰值加速度竖向与水平向比值接近 2/3[118],所以试验竖向加速度峰值按水平向峰值折减 2/3 后加载。将所有的地震波按照时间压缩比 $1:\sqrt{20}$进行了压缩,压缩后的波形如图 6.4 所示,各工况信息见表 6.4。

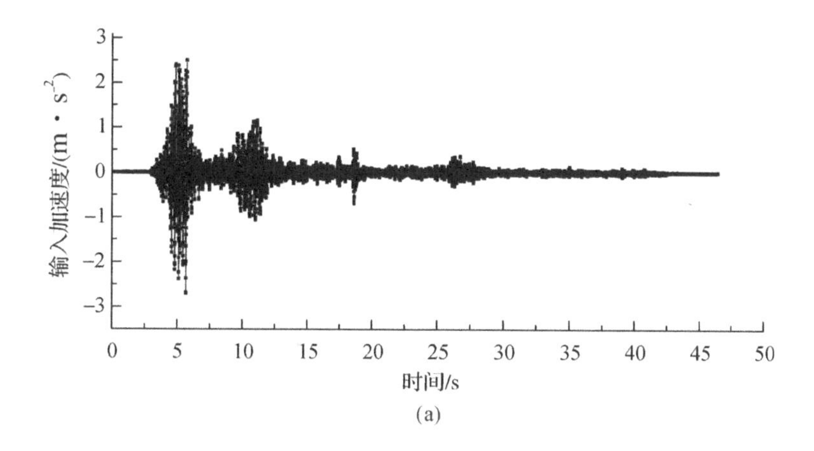

(a)

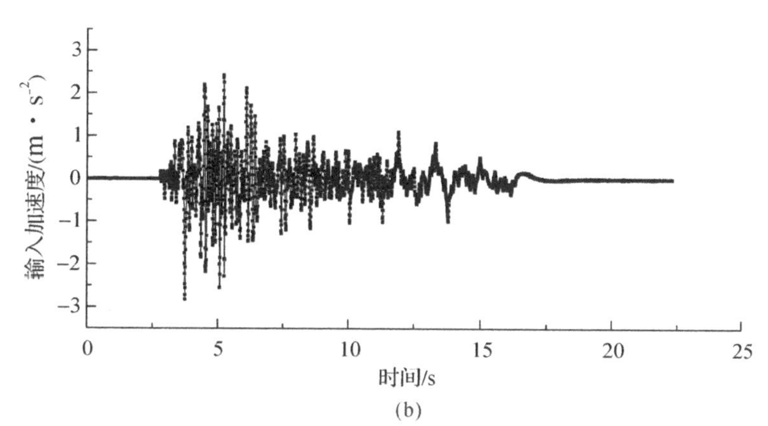

(b)

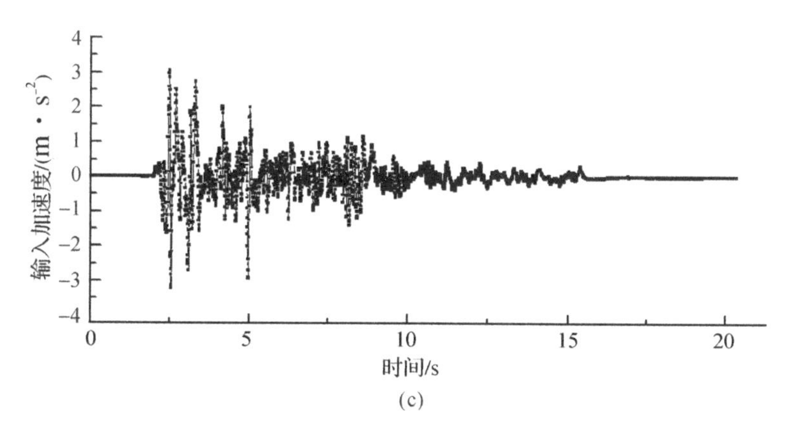

(c)

图 6.4　模型试验输入的水平向加速度曲线

(a)汶川波;(b)EI Centro 波;(c)Taft 波

表 6.4　输入地震波信息

工况	地震波类型	地震波加速度峰值/g	工况	地震波类型	地震波加速度峰值/g
1	白噪声	0.05g	9	EI Centro	0.4g(X、Z)
2	汶川波	0.2g(X、Z)	10	Taft	0.4g(X、Z)
3	EI Centro	0.2g(X、Z)	11	汶川波	0.5g(X、Z)
4	Taft	0.2g(X、Z)	12	汶川波	0.6g(X、Z)
5	汶川波	0.3g(X、Z)	13	汶川波	0.7g(X、Z)
6	EL Centro	0.3g(X、Z)	14	汶川波	0.8g(X、Z)
7	Taft	0.3g(X、Z)	15	汶川波	0.9g(X、Z)
8	汶川波	0.4g(X、Z)	16	汶川波	1.0g(X、Z)

注:X、Z 表示的是水平及竖直双向。

6.3　试验现象

试验中地震作用由小到大,支护边坡的裂缝不断发展。为了得到两种支护结构在地震作用下的裂缝演化发展过程、破裂面的体态特点,对有锚杆侧和无锚杆侧的试验过程中的破坏情况进行对比。

6.3.1　无锚杆侧试验现象

当汶川波、EI Centro 波以及 Taft 波这三种地震波峰值为 0.2g～0.3g 时,震后坡体无明显变化。当输入的地震波为 0.4g 汶川波时[见图 6.5(a)],在 2# 坡靠近坡顶与软弱夹层的相交处首先产生一道横向裂缝,裂缝宽 1～2mm,裂缝沿着边坡走向发展。裂缝的产生表明边坡已经进入损伤破坏的过程,由于双排桩的支护作用,坡体还具有一定的承载能力,边坡不会失稳破坏。输入峰值为 0.4g 的 EI Centro 波及 Taft 波时,第一条裂缝继续扩展,同时没有其他裂缝产生。

(a)

(b)

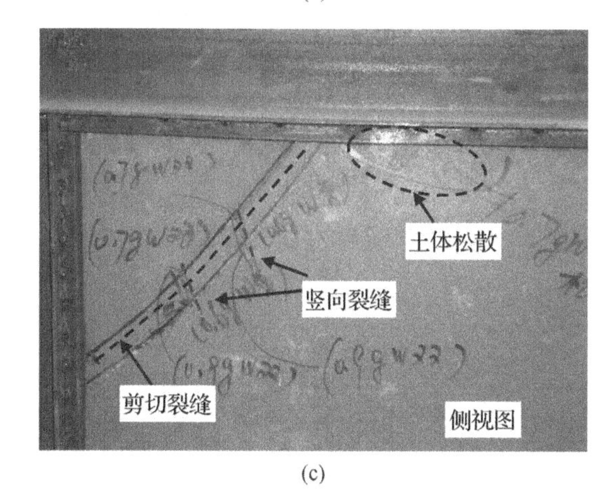

(c)

图 6.5　不同峰值加速度时模型地震动后的破坏状态图(无锚杆侧)

(a)0.4g;(b)0.6g;(c)0.7g～0.9g;

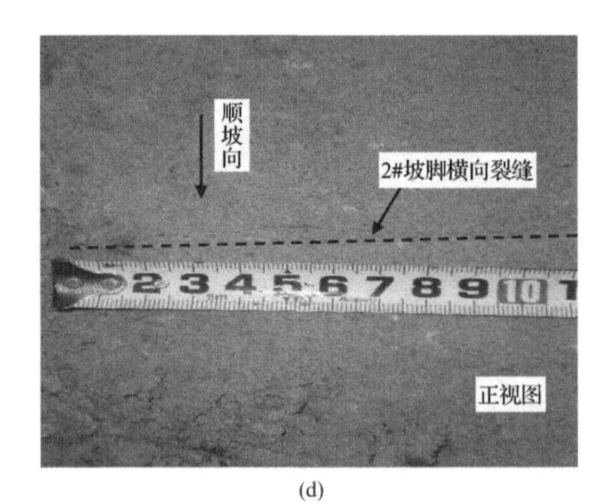

(d)

续图 6.5 不同峰值加速度时模型地震动后的破坏状态图(无锚杆侧)

(d)0.8*g*

图 6.5(b)为输入汶川波峰值 0.6*g* 时(此后输入地震波都为汶川波)对应的边坡破裂状态。从图中可以看出,在 2# 坡的中部出现了竖向裂缝,缝宽约 3~4mm。现场观察裂缝形态可知:两侧土体的裂缝并不是相互剪切错动产生的,而是张拉产生的,这与汶川地震边坡上部会出现拉裂缝的情况一致[29]。同时,靠近坡顶的软弱夹层产生明显的错动现象,剪切滑移裂缝产生,该滑移裂缝与 0.4*g* 产生的坡顶裂缝基本贯通。

当输入的汶川波峰值为 0.7*g* 时,基岩中靠近 2# 坡中上部的土体出现松散现象。另外,在软弱夹层的中下部出现另外两道竖向拉裂缝,从这两道裂缝的状态可以看出:该裂缝朝着坡面发展,尽管裂缝缝宽、长度增大,但最终并没有贯通到坡面。当输入的汶川波峰值为 0.8*g* 时,在 2# 坡的坡脚处出现了一道横向裂缝,裂缝宽度为 0.5~1.0mm,其位置在紧挨 2# 桩顶上部,表明此裂缝与软弱夹层的剪切裂缝已经贯通,坡体出现越顶破坏。

以上分析揭示了该双排抗滑桩支护边坡的损伤破坏过程:在较小地震作用下,抗滑桩支护边坡十分稳定,并没有裂缝产生;随着地震动的增大,坡顶首先出现裂缝,该裂缝沿着软弱夹层向下发展,由于抗滑桩的支护作用,剪切滑移面在靠近桩体时改变了发展方向,滑面最终越顶剪出,因而在 2# 桩顶上方的坡面上出现了一条横向裂缝。将上述各阶段产生的裂缝汇总,形成了地震作用下边坡最终的滑裂面,如图 6.6 所示。

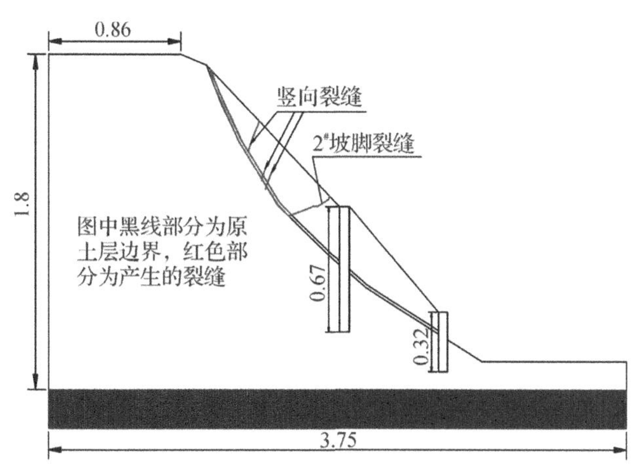

图 6.6　边坡动力破裂面示意图(侧视图,单位:m)

6.3.2　有锚杆侧试验现象

对于锚杆和抗滑桩联合支护侧,同样在每个工况后对裂缝的产生情况进行观察。当输入地震波峰值为 0.2g～0.3g 的三种地震波时,坡面的响应均不明显,没有看到任何裂缝产生。当输入汶川波峰值为 0.4g 时,2# 坡的坡脚土体出现了一定的松动现象,但并没有产生裂缝。当输入汶川波峰值为 0.6g 时[见图 6.7(a)],在 2# 坡的坡脚处出现一道裂缝,长约 30cm,宽约 2mm,但坡顶没有产生裂缝。

当输入汶川波峰值为 0.9g 时,在 2# 坡靠近坡顶处首次出现一道横向裂缝,裂缝较为细小,宽度约 1～2mm,同时在 2# 坡的中部小块土体出现抛射的趋势[见图 6.7(b)],这一现象也与汶川地震时出现的块体抛射现象一致[29]。由上述裂缝的演化发展路径可知,锚杆和抗滑桩共同支护边坡,裂缝在坡面薄弱处产生,向坡顶处发展,当靠近坡顶处出现一道横向裂缝时,初步判断滑体可能临近破坏。

当输入汶川波峰值为 1.0g 时,原来产生的裂缝扩展明显,破裂面位置更加清晰;基岩也首次出现了宽度约 2mm 的竖向裂缝,如图 6.7(c)所示。该裂缝与前面出现在滑体的浅层裂缝并不相同,此次产生的是位于基岩内部的深层裂缝。这些试验现象表明:在高烈度地震波作用下,深层次的基岩也可能受到一定程度的损伤破坏,由于深层的破坏很难发现,可能使得对边坡失稳模式的常规设防(针对滑动面)失去意义,这在抗震设计实践中是危险的,必须引起重视。该试验结果从侧面解释了为什么四川地区在汶川地震后滑坡泥石流等次生灾害频繁发生。

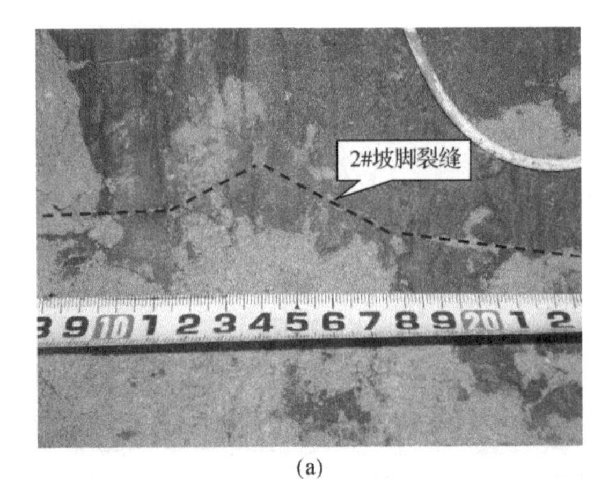

(a)

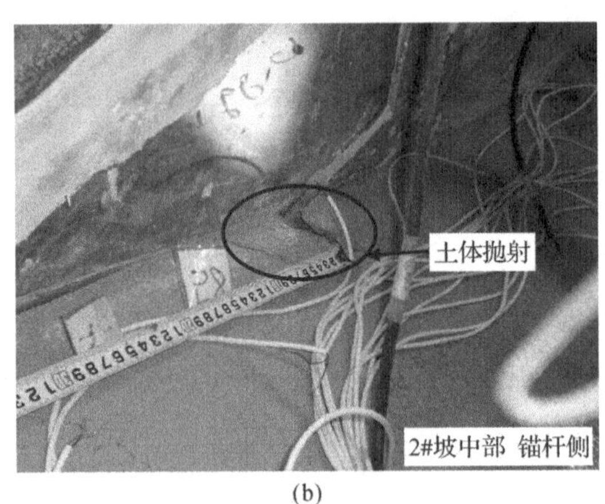

(b)

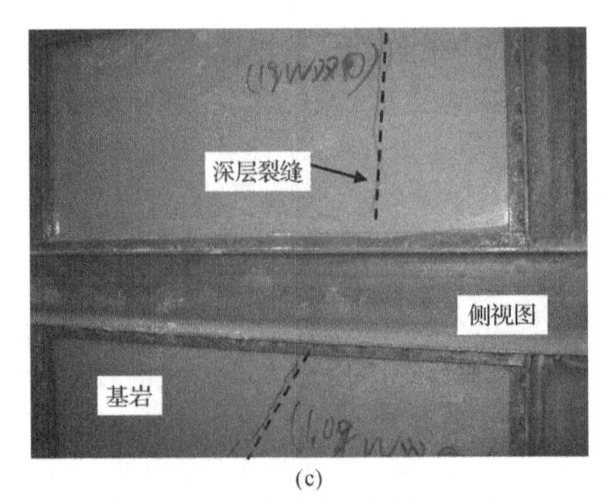

(c)

图 6.7 各工况震后边坡破坏状态图

(a)Wenchuan 波(0.6g);(b)Wenchuan 波(0.9g);(c)Wenchuan 波(1.0g)

以上各工况震后边坡破坏状态的分析呈现了锚杆和抗滑桩联合支护边坡在地震作用下完整的破坏过程:地震作用较小时,边坡处于弹性阶段,裂缝不会产生;当地震作用达到一定程度时,首先在 2# 坡的坡脚产生剪切裂缝,随着地震振幅的增大,裂隙向上发展,同时靠近坡顶的坡面产生竖向裂缝,二者随着地震持续增大可能贯通,形成完整的破裂面。将地震作用后各阶段产生的裂缝进行统计,绘制出总的破裂位置,如图 6.8 所示。

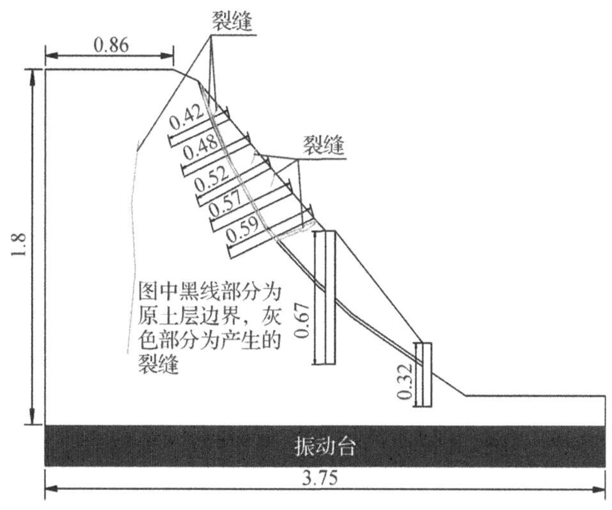

图 6.8　边坡动力破裂面示意图(侧视图,单位:m)

6.4　坡面加速度响应对比

6.4.1　无锚杆侧

图 6.9 为当输入地震波峰值为 0.4*g* 的 Wenchuan 波时,无锚杆侧监测点的加速度响应时程曲线。由于 A1 处的监测计发生损坏,因此没有该处的数据。可以看出,各监测点的响应加速度峰值都大于输入的地震波峰值,即坡面存在一定的加速度放大效应,其中监测点 B1 的加速度响应最为明显,加速度放大系数约为 2.34,监测点 D1 的响应最小,加速度放大系数约为 1.73。从各监测点的傅里叶谱上看:坡面土体地震响应频谱成分主要集中于 2～18Hz,在 10Hz 附近响应最为明显;频率超过 20Hz 后,监测点的位置越高,傅里叶谱幅值越小;在

10Hz 附近，监测点位置越高，其傅里叶幅值越大。这些数据表明，坡体对输入的地震波具有低频放大、高频过滤的特性。

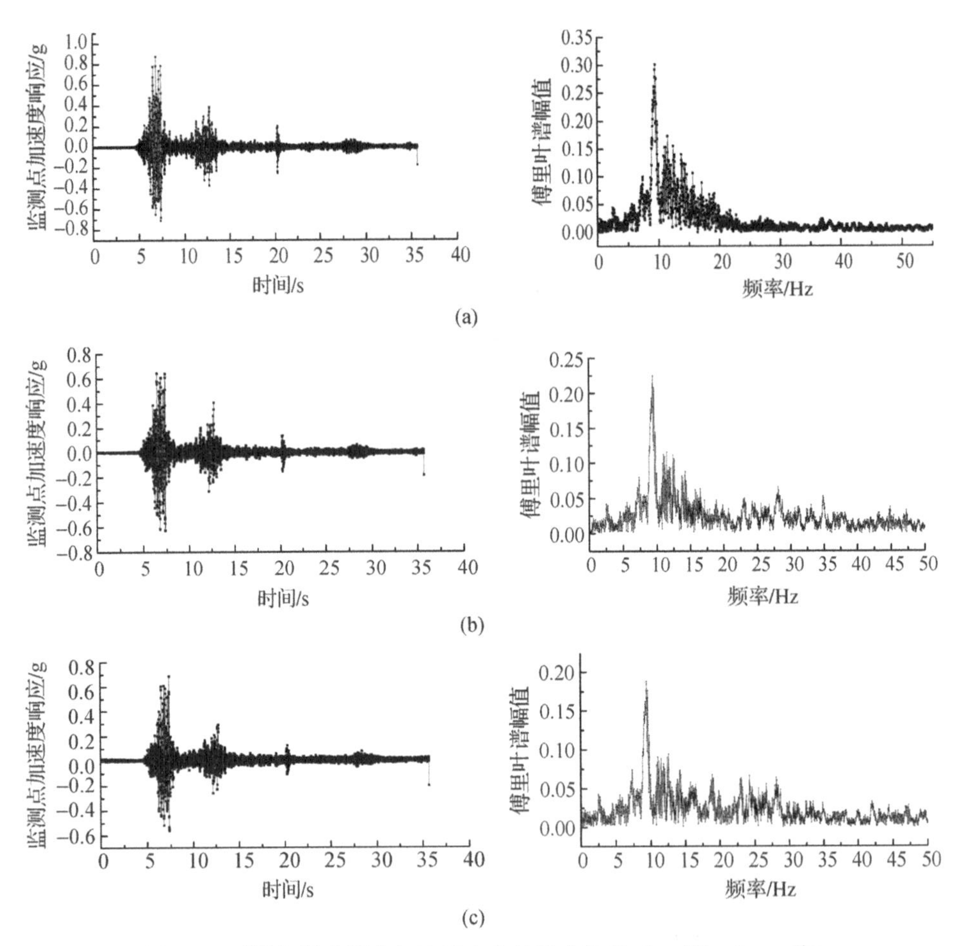

图 6.9　无锚杆侧监测点加速度响应时程曲线(0.4g，Wenchuan 波)

(a)监测点 B1；(b)监测点 C1；(c)监测点 D1

对不同工况下各监测点的加速度峰值进行统计，结果如图 6.10 所示。可以看出：三种地震波作用下，地震作用越大，各监测点的加速度响应越明显；在 0.2g～0.4g 区间，监测点在坡面上的位置越高，加速度响应越大，但在 0.6g 以后(主要是 Wenchuan 波)，坡面加速度响应出现了突变，此时监测点 D1、C1 的加速度大小超过了监测点 B1，原因可能为在 0.6g 以后，裂缝发育较快，坡体损伤后坡面动力响应规律发生了变化；0.9g 再次出现了突变，响应加速度下降，表明坡体已严重损伤，进入整体破坏。

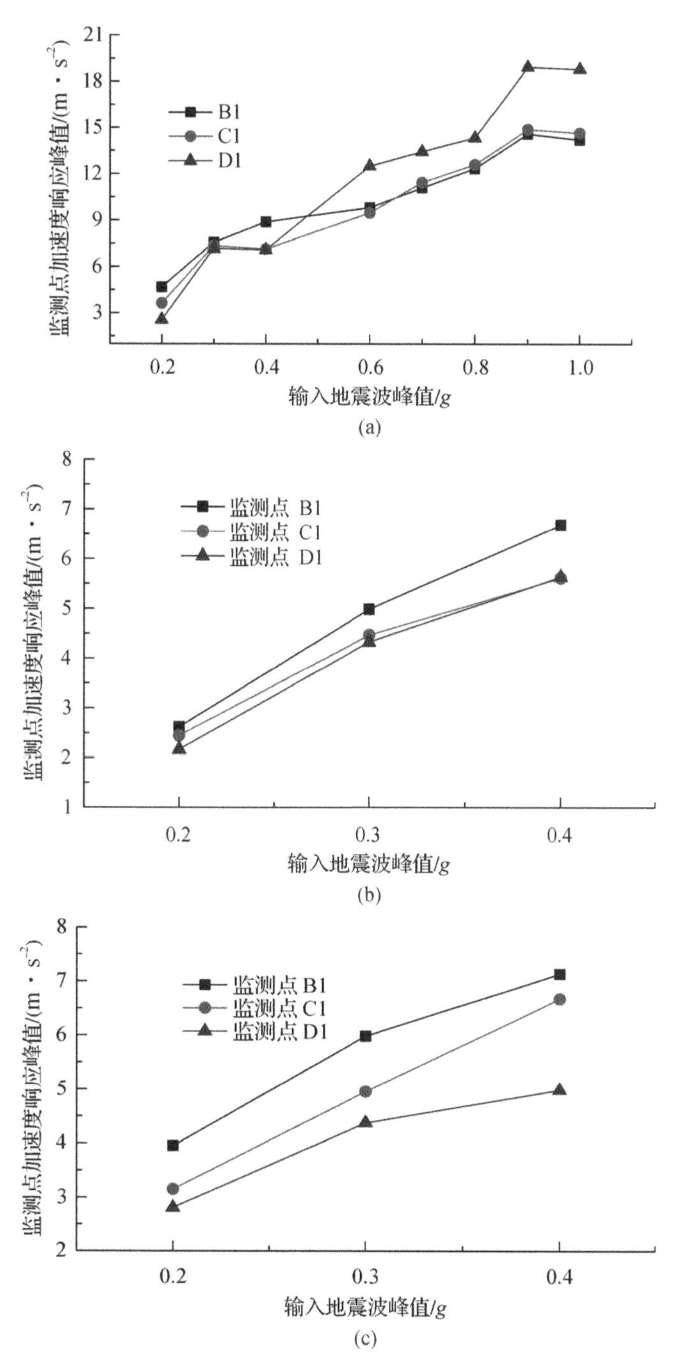

图 6.10 地震波峰值-坡面加速度响应关系曲线

(a)Wenchuan 波；(b)EI Centrol 波；(c)Taft 波

6.4.2 锚杆侧

图 6.11 为有锚杆侧各监测点的加速度响应时程曲线，可以看出，有锚杆侧监测点的加速度响应规律同无锚杆侧的加速度响应规律基本一致。各监测点的响应加速度峰值同样大于输入的地震波峰值，即坡面存在一定的加速度放大效应，其中监测点 A 的加速度响应最为明显，加速度放大系数约为 2.63，监测点 D 的响应最小，加速度放大系数约为 1.66；在相同位置处，无锚杆侧的加速度响应值要大于有锚杆侧，初步判断可能是锚杆产生了一定的减震效果。从各监测点的傅里叶谱上看，坡面土体地震响应频谱成分主要集中于 2～25Hz，在 10Hz 附近响应最为明显；频率超过 25Hz 后，监测点的位置越低，傅里叶谱幅值越小；监测点位置越高，低频处的傅里叶幅值越大。上面的分析表明：与无锚杆侧响应规律相近，有锚杆侧的坡体对输入的地震波具有低频放大、高频过滤的特性。

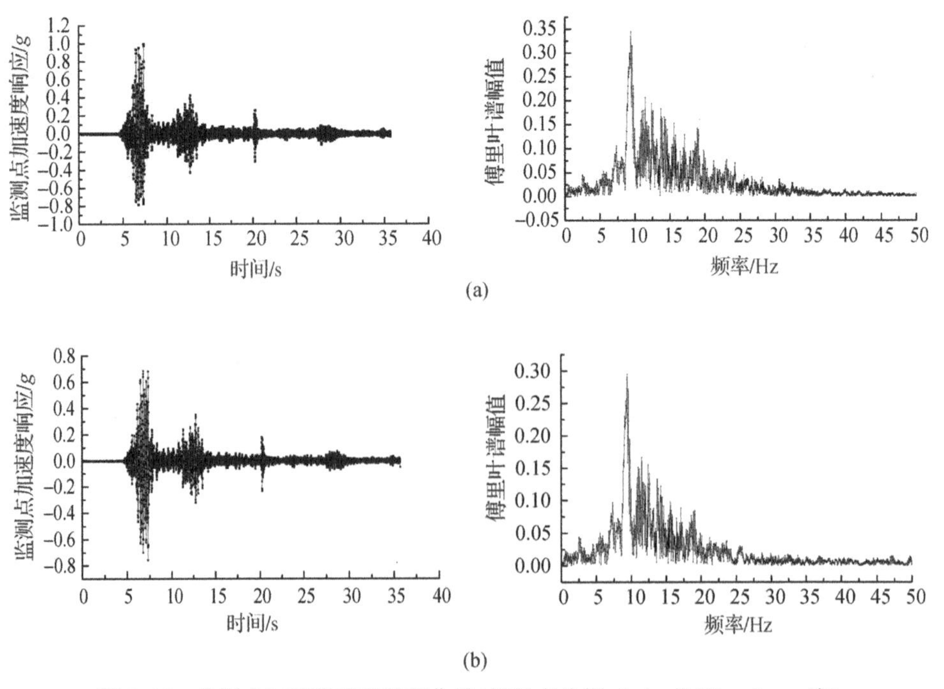

图 6.11 监测点加速度响应时程曲线(锚杆支护侧，0.4g 的 Wenchuan 波)

(a)监测点 A；(b)监测点 B；

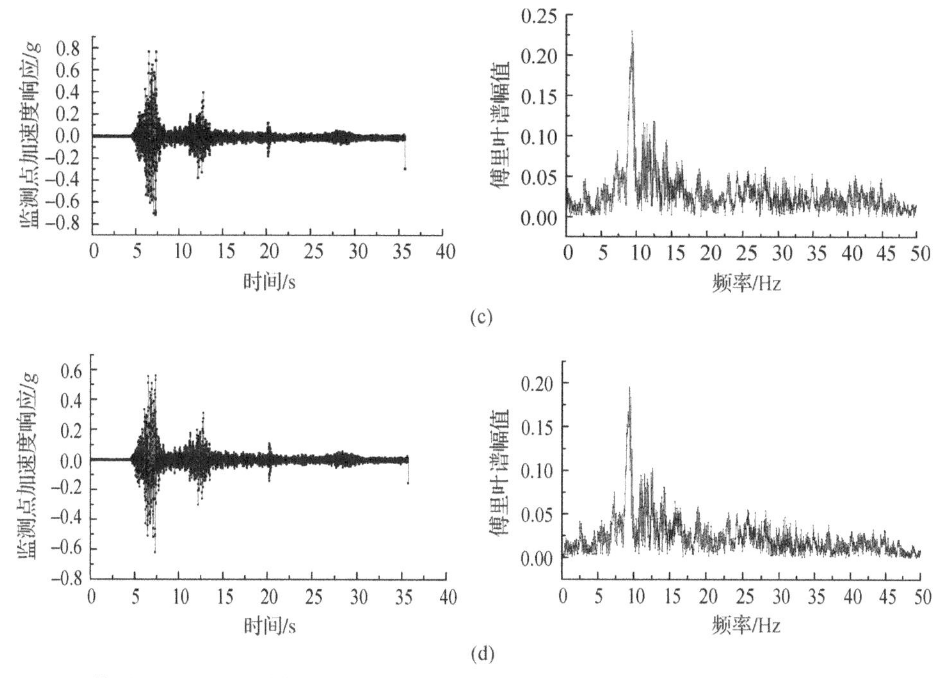

续图 6.11 监测点加速度响应时程曲线(锚杆支护侧,0.4g 的 Wenchuan 波)

(c)监测点 C;(d)监测点 D

对不同地震波下监测点的加速度峰值进行统计,如图 6.12 所示。可以看出,随着地震作用的增大,监测点的加速度响应越来越明显,在坡面上的位置越来越高,监测点加速度响应也越来越大;但在 0.7g 以后,坡面加速度响应却出现了突变,监测点 C 的加速度大小超过了监测点 A、B,同时还出现了加速度响应下降的情况。加速度响应发生突变的工况同裂缝迅速发展的现象较为吻合,由于地震时边坡破坏是一个渐进的过程,从监测点加速度数据异常可以推断,在 0.7g 以后坡体已经进入该过程。

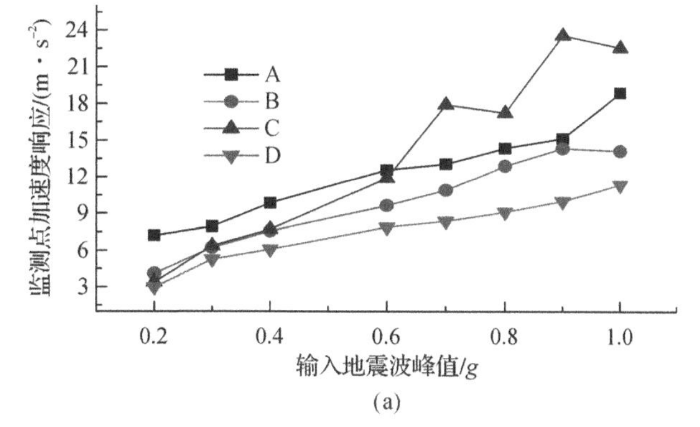

图 6.12 不同地震波下各监测点水平加速度峰值

(a)Wenchuan 波;

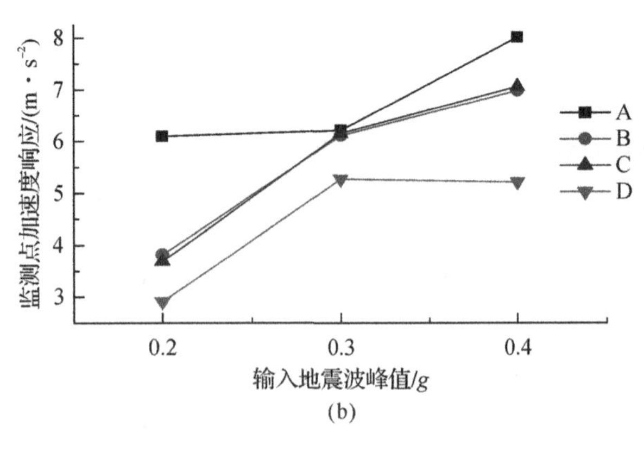

(b)

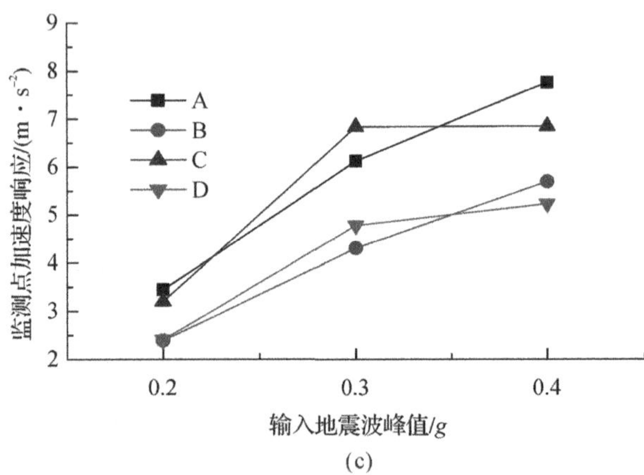

(c)

续图 6.12　不同地震波下各监测点水平加速度峰值

(b)Taft 波;(c)EI Centro 波

6.5　坡面位移响应对比

位移监测点位置与加速度监测点位置相同,即 2#、1# 坡面分别设置了 8 个位移监测点 A～D 和 A1～D4 (见图 6.1),位移测量值为相对于边坡基岩的相对位移。值得指出的是,在试验中各工况的地震波幅值是由小到大进行输入的,因此每个工况的最终位移应该是累计值。为避免上一工况的永久位移对下一工况的位移数据造成影响,将每一工况的初始位移都进行清零处理。

6.5.1　无锚杆侧

图 6.13 为无锚杆侧各监测点的位移时程曲线，可以看出：①监测点的位置越高，其位移响应的峰值也越大，监测点位移的响应规律与加速度响应规律基本一致；②监测点在 0.6g 的 Wenchuan 波（NE）作用下，在地震波的峰值时刻附近，位移的动力响应明显，达到最大值；③在地震波的主能量段以后，边坡体发生了部分弹性回弹，产生少许永久位移，该位移将会累积到下一段工况中去。

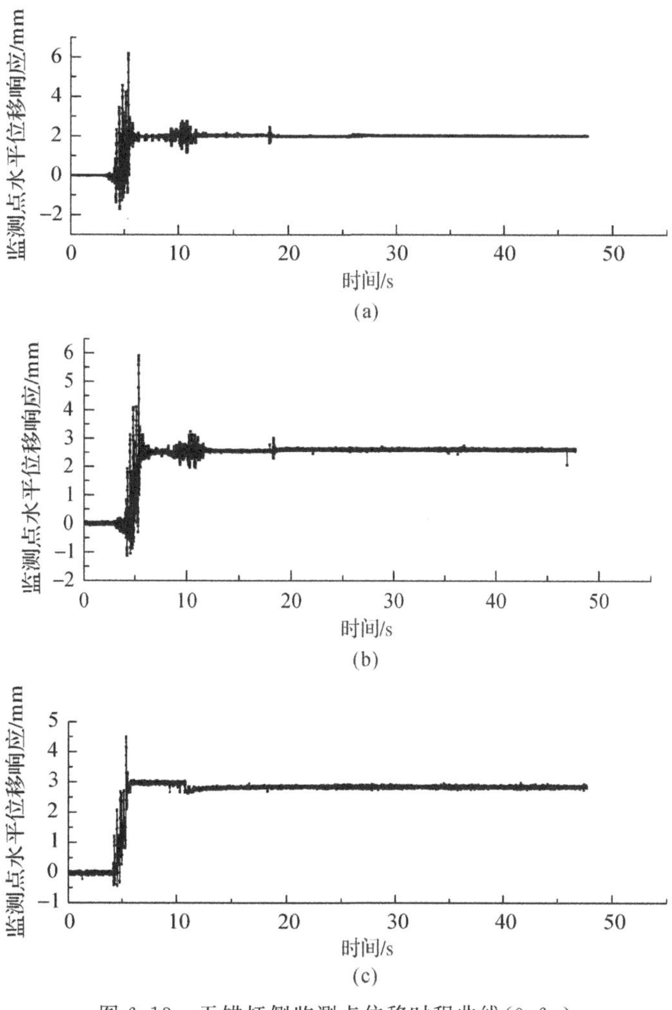

图 6.13　无锚杆侧监测点位移时程曲线(0.6g)

(a)监测点 A1；(b)监测点 B1；(c)监测点 C1；

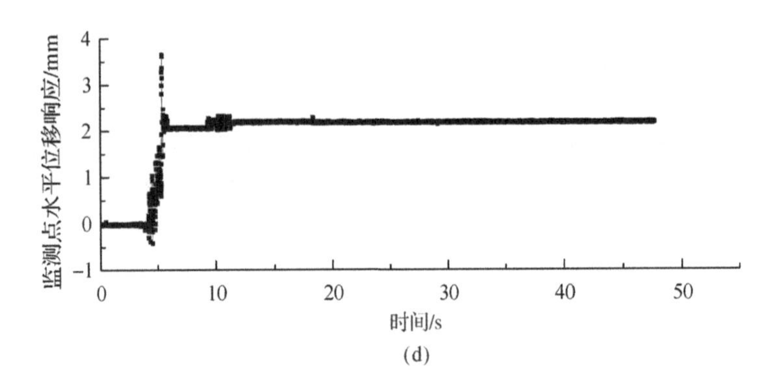

(d)

续图 6.13　无锚杆侧监测点位移时程曲线(0.6g)

(d)监测点 D1

由图 6.13 可以看出,在各工况下监测点除了地震峰值位移外,还将产生一定的永久位移。为了更好地分析监测点的位移响应规律,将无锚杆侧监测点的峰值位移和各工况累计位移进行统计,结果如图 6.14 所示。由图可知:在 0.2g~0.4g区间,各监测点的位移增长较小,最大峰值位移和累计残余位移均小于 5mm,监测点位移的响应并不明显;在地震波峰值超过 0.6g 以后,各监测点的位移增长很快,监测点 A1 的累计残余位移接近 2.0cm,B1～D1 的累计残余位移接近 2.5cm,这与边坡裂缝的演化发展过程一致。

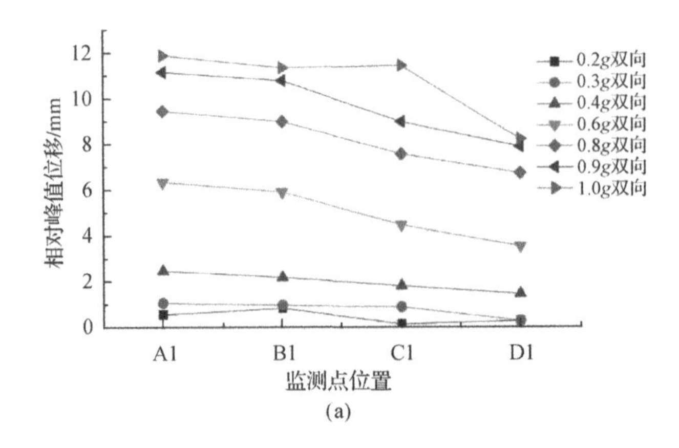

(a)

图 6.14　监测点峰值位移(无锚杆侧)

(a)相对峰值位移;

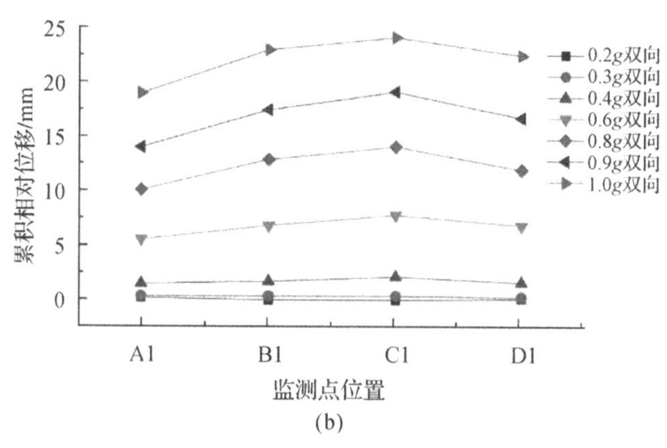

(b)

续图 6.14　监测点峰值位移(无锚杆侧)

(b)累积残余位移

6.5.2　有锚杆侧

图 6.15 为有锚杆侧监测点位移时程曲线，由于监测点 A 处的位移监测计在地震中发生损坏，因此只有 B、C、D 处的数据。由图 6.15 可知，有锚杆侧监测点的位移响应特点与无锚杆侧基本相同，都存在着监测点位移越高，位移峰值越大的特点。在地震波峰值时刻附近，位移的动力响应很明显，达到了最大值；随着地震波主能量段的过去，边坡体发生了部分弹性回弹，留下少许永久位移，该位移将会累积到下一段工况中去。由于锚杆的支护作用，相同位置处监测点的位移峰值要小于无锚杆侧，这与加速度响应情况基本一致。

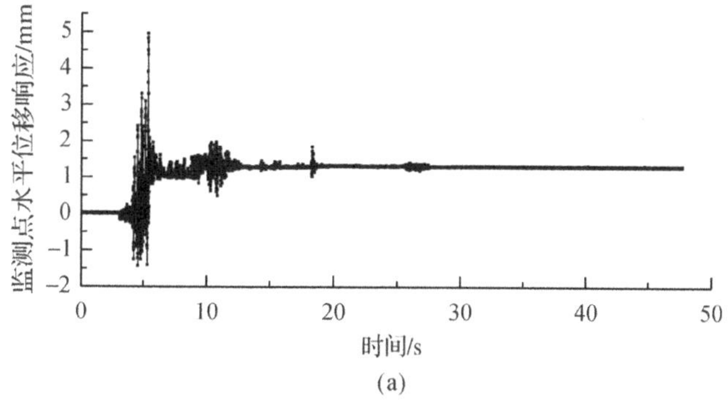

(a)

图 6.15　有锚杆侧监测点位移时程曲线(0.6g)

(a)监测点 B；

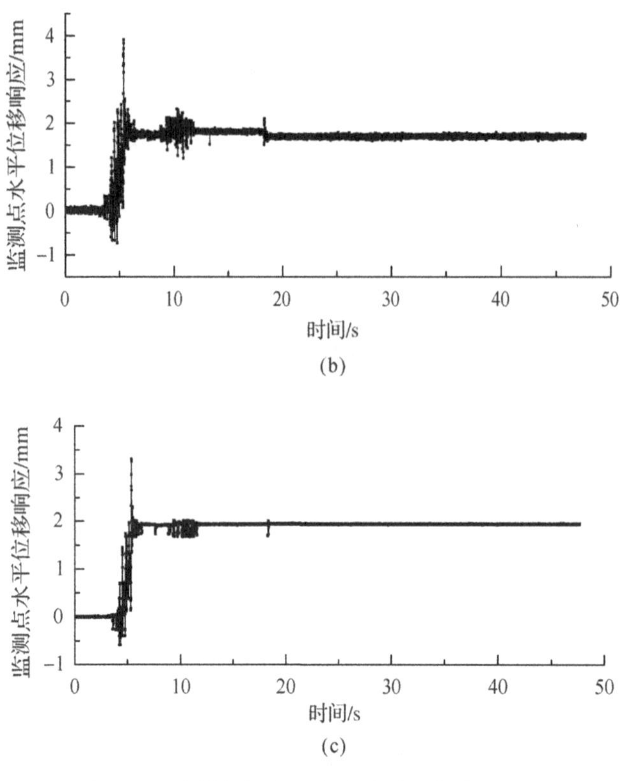

图 6.15　有锚杆侧监测点位移时程曲线(0.6g)

(b)监测点 C;(c)监测点 D

同样,将各监测点的峰值位移和各工况累计残余位移进行统计,结果如图 6.16 所示。可以看出:与无锚杆侧一样,在 0.2g～0.4g 区间,由于地震作用小,坡体位移动力响应并不明显,因此监测点的位移增长较小,在 0.6g 以后,随着地震作用增强,监测点的位移增长很快,监测点 B 的累计残余位移只有 1.6cm,远小于无锚杆侧 B1 的 2.5cm;监测点 C、D 的累计残余位移接近 2.0cm,同样与边坡裂缝的演化发展过程一致。

将有锚杆支护侧和无锚杆支护侧的对应监测点的峰值位移及累积位移分布情况进行比较可知:有锚杆支护一侧监测点的相对峰值位移比没有锚杆支护侧要小 8%～22.9%;有锚杆支护侧比无锚杆支护侧的累计永久相对位移要小 14.2%～42.3%。显然采用锚杆支护能够显著地改善边坡体的抗震性能。

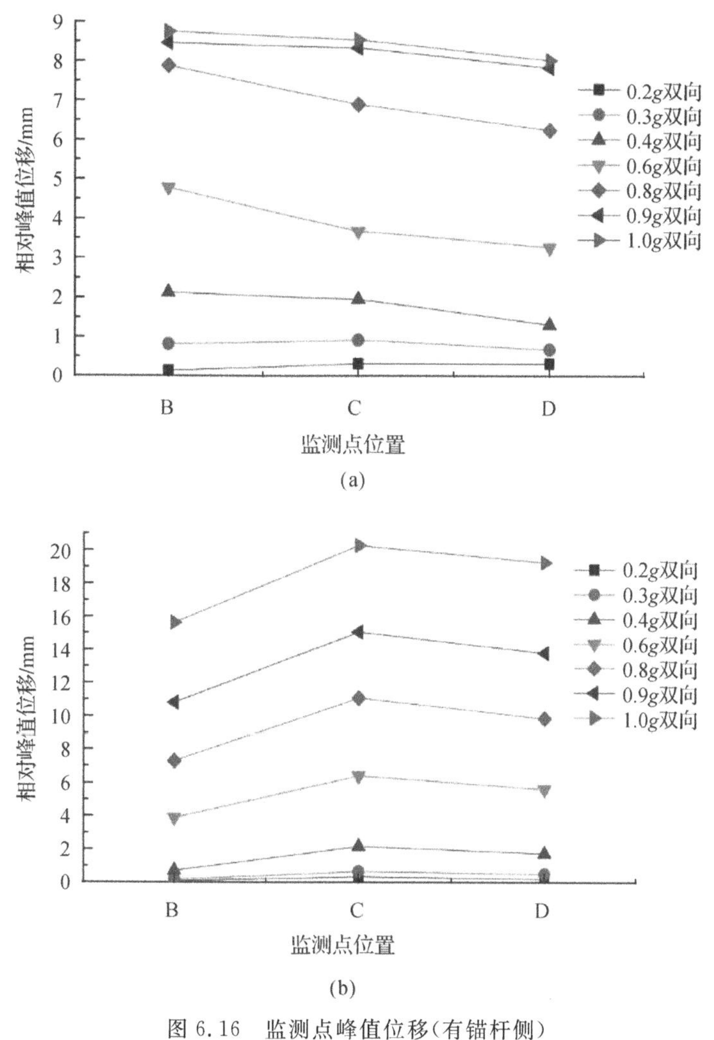

图 6.16　监测点峰值位移(有锚杆侧)

(a)相对峰值位移;(b)累积残余位移

6.5.3　试验边坡最终的破坏状态对比

图 6.17 为试验后模型正面破坏状态图,由图可以看出:锚杆支护侧坡顶裂缝发展并不明显,坡体是稳定的,基本达到了“大震不倒”的要求;无锚杆支护侧裂缝扩展很大,竖向距离达到了 2.5cm 左右,难以满足继续承载的要求,坡体已经失稳破坏。

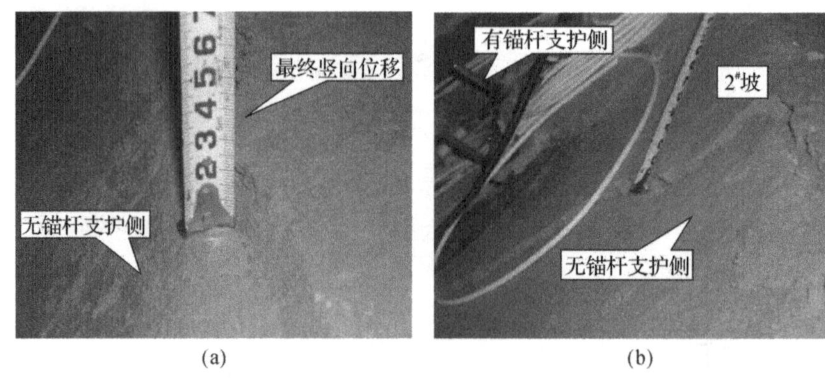

(a) (b)

图 6.17　地震动后模型正面破坏状态图(1.0g)

(a)无锚杆侧;(b)两侧对比

6.6　桩身峰值动土压力对比

为了得到两种支护方式下双排抗滑桩的动力分布特点,将无锚杆侧和有锚杆侧的边坡抗滑桩的动土压力进行比较,得到了一些基本规律,研究结果可以为双排桩的抗震设计提供一定的参考。其中,桩后动土压力为桩的推力,桩前动土压力为抗力。为比较两种抗滑桩在地震作用下的动力受力情况,在桩身前、后两侧各设置了4个土压力盒,土压力盒的位置及具体编号如图6.3所示,其中A4、A8、B3位于软弱夹层处(即滑带处)。

6.6.1　无锚杆侧

1.第二排桩身动土压力

图6.18为三种地震波作用下第二排桩后动土压力峰值的分布情况。从图中可以看出,在0.2g~0.4g时,桩后动土压力分布规律不明显,靠近桩顶的应力略大,在0.6g~1.0g时,桩身上部动土应力增长较快。主要原因在于:在这一阶段,第2排桩后土体的剪切滑移面逐渐形成,但路径并不是完全沿着原有的软弱夹层而是从第二排桩的顶部越过,由于滑体具有越顶破坏倾向,桩后滑坡推力主要由桩体上部承担,因此桩身上部动力压力增长很快。

图6.19为第二排桩前动土压力峰值分布。可以看出,在三种地震波作用下,第二排桩前动土压力随着地震作用的增大而增大,桩身靠近软弱夹层的中下部动应力增长更为迅速,在软弱夹层处的动土压力(试验为监测点A8)达到最大

值。该分布形式与无锚杆侧抗滑桩受力分布存在较大差异，主要是由于锚杆的支护作用使得土体难以发生越顶破坏，降低了桩身的上部受力。

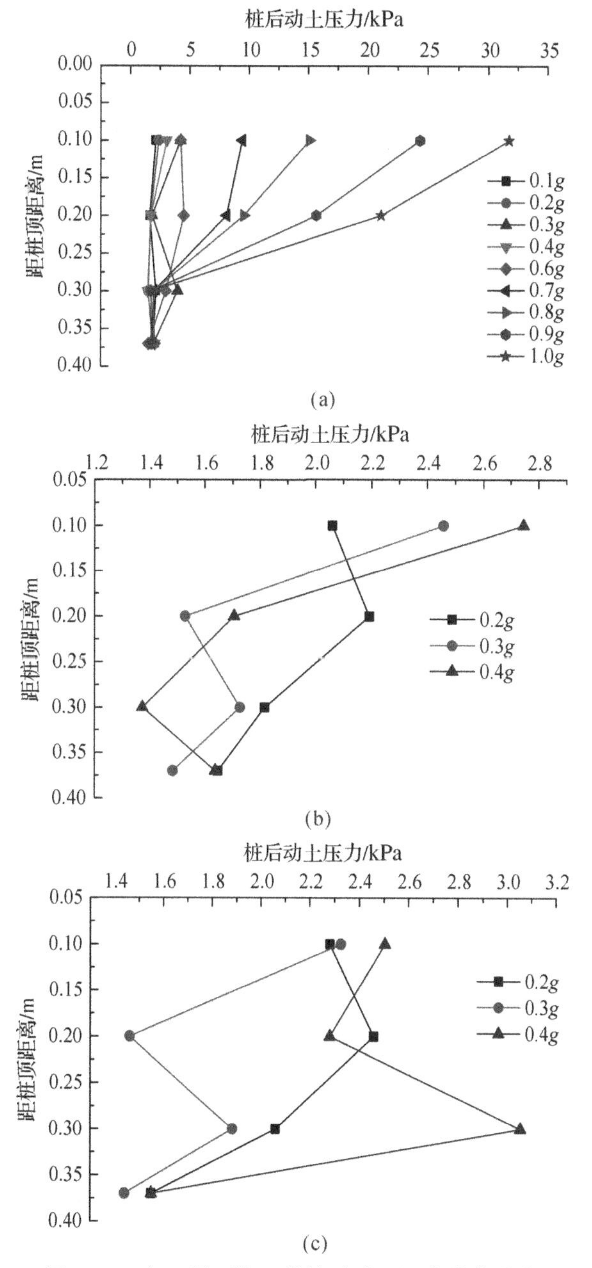

图 6.18　各工况下第二排桩后动土压力峰值分布

(a) Wenchuan 波（桩后）；(b) EI Centro 波（桩后）；(c) Taft 波（桩后）

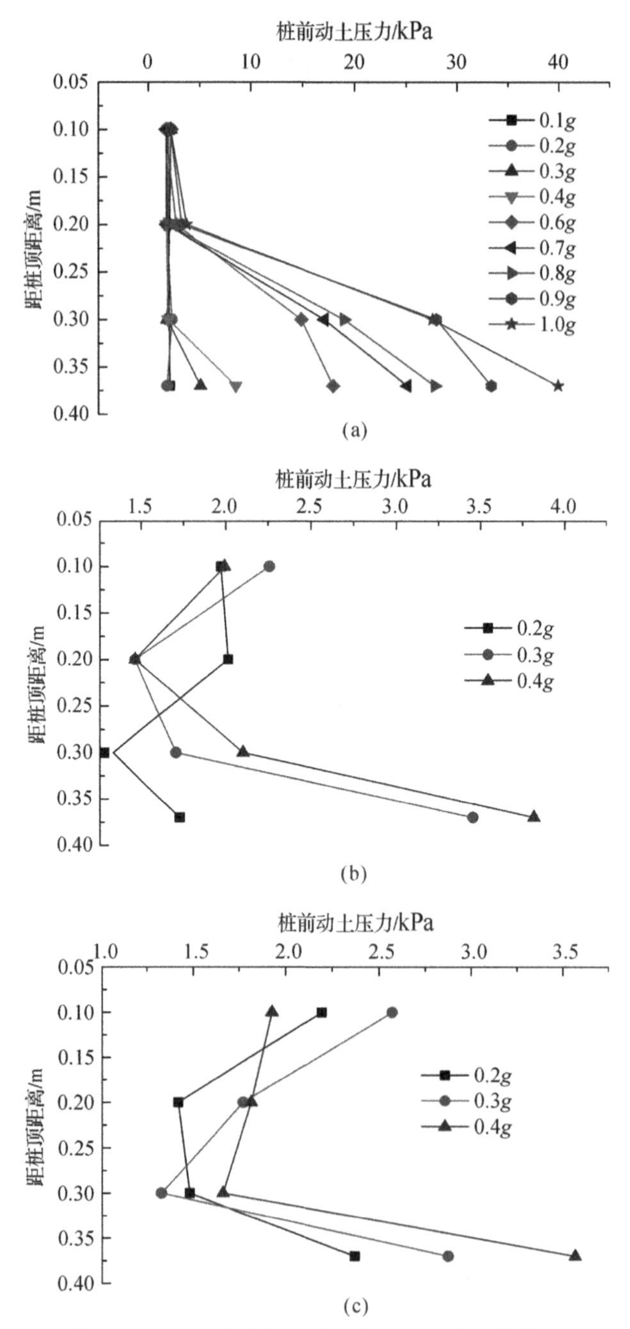

图 6.19 各工况下第二排桩前动土压力峰值分布

(a)Wenchuan 波(桩前);(b)EI Centro 波(桩前);(c)Tatf 波(桩前)

2. 第一排桩身动土压力

图6.20为三种地震波作用下第一排桩后峰值动土压力分布情况，由于第一排桩为悬臂桩，故只有桩后动土压力（滑坡推力）数据。由图6.20可知：第一排桩的桩身动土压力在0.2*g*～0.3*g*之间时，分布特点并不明显，近似于梯形分布，靠近软弱夹层的桩身中下部动应力略大；在0.4*g*～1.0*g*之间时，三种地震波作用下的桩后动土压力主要呈现中间大、两端小的特点，近似为抛物线分布。从数值大小上看，第一排桩后动土应力在0.6*g*～1.0*g*以后增长迅速，桩后最大动力压力达到了59.7kPa，主要原因在于此时边坡裂缝发育较为明显，裂缝的演化发展使得地震波的传播途径发生变化，滑体本身的承载能力不断降低，抗滑桩将承受更大的推力作用，因此桩后动土压力响应比较剧烈。

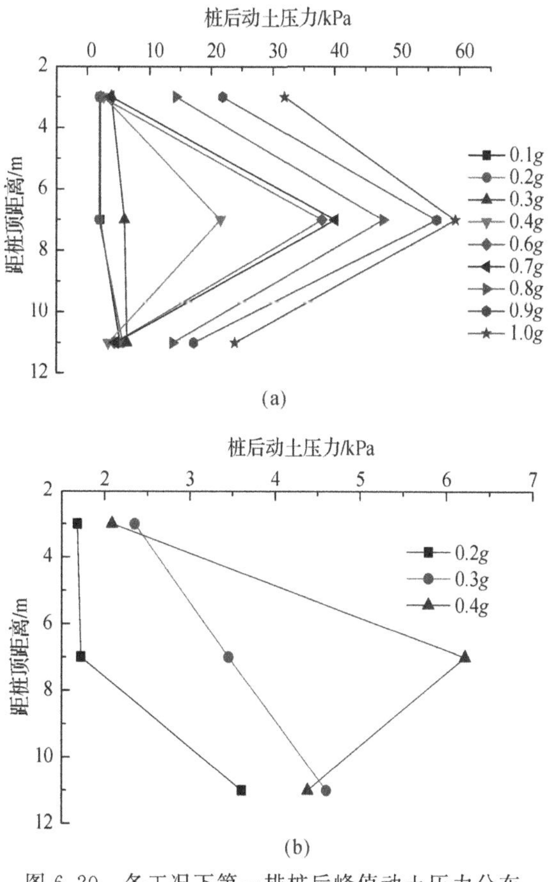

图6.20　各工况下第一排桩后峰值动土压力分布

(a)Wenchuan波；(b)EI Centro波；

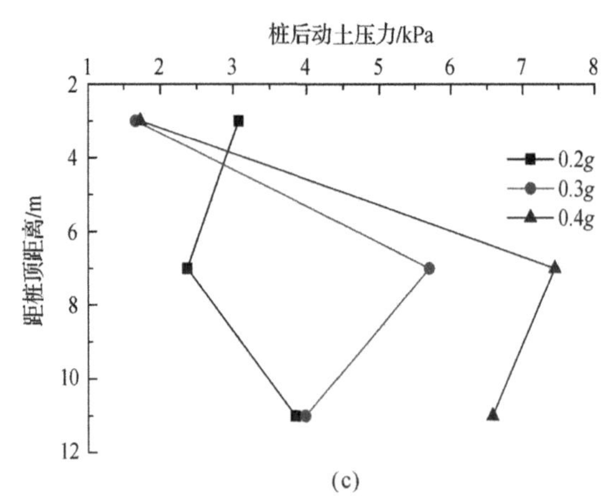

(c)

图 6.20　各工况下第一排桩后峰值动土压力分布

(c)Taft 波

6.6.2　有锚杆侧

1. 第二排桩身动土压力

图 6.21 为不同地震波作用下第二排桩后动土压力峰值分布情况。可以看出，随着地震作用的增大，监测点的桩后动土压力响应越来越大；在 0.1*g*～0.4*g* 时，动土压力增长并不明显，在 0.6*g* 以后增长迅速。其中靠近桩顶位置的应力水平较低，桩体中下部的动力响应较为明显，动土压力的最大值出现在靠近软弱夹层（距桩顶距离约 0.32m）的测点附近，桩后动土压力近似呈抛物线分布，该分布形式与文献[119]的试验结果较为接近。

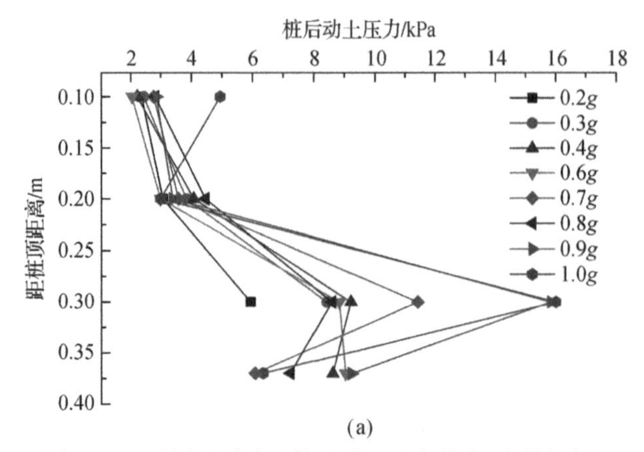

(a)

图 6.21　不同地震波下桩后动土压力分布（有锚杆侧）

(a)Wenchuan 波；

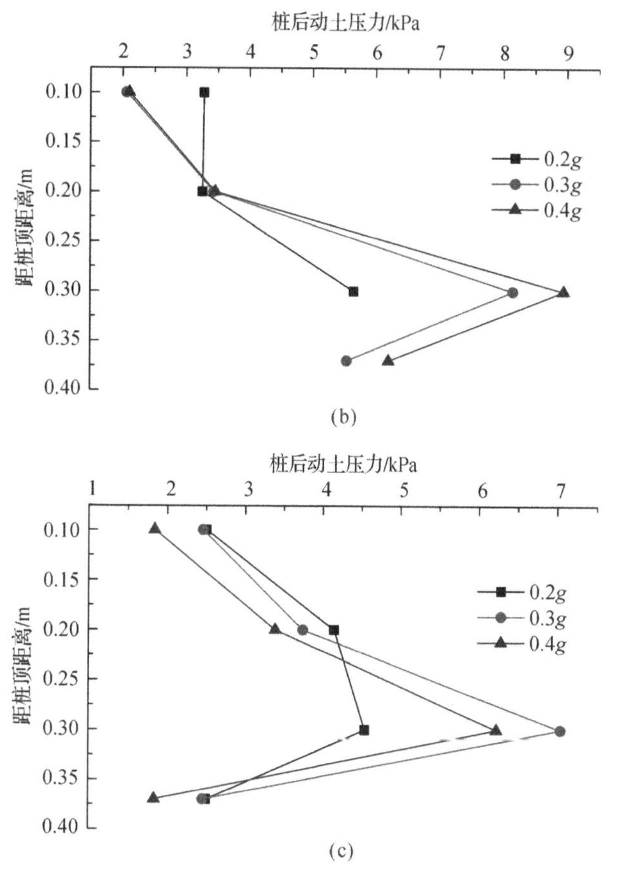

续图 6.21　不同地震波下桩后动土压力分布(有锚杆侧)

(b)Taft 波;(c)EI Centro 波

将图 6.21 的结果与图 6.18 进行比较可知,无锚杆侧的桩后动土压力要明显大于有锚杆侧,同时前者的动土压力主要分布在桩的中上部,而有锚杆侧则主要分布于桩的中下部。其主要原因在于:由于锚杆与抗滑桩共同作用,锚杆承担了部分滑坡推力,导致第二排抗滑桩在 $0.6g \sim 1.0g$ 地震作用下桩身动土压力并没有像无锚杆侧抗滑桩那样增长迅速,数值大小也远低于无锚杆侧抗滑桩,锚杆与抗滑桩的抗震性能要高于单一的抗滑桩。

图 6.22 为峰值时刻不同地震波作用下桩前动土压力分布情况。从图 6.22 中可以看出:当输入加速度峰值为 $0.2g \sim 0.3g$ 时,桩前动土压力近似呈矩形分布;随着地震作用的增大,靠近软弱夹层的监测点 A7、A8 的动土压力不断增大,而靠近桩顶部分的 A5、A6 变化很小,桩前抗力最大值在软弱夹层附近(距桩顶约 0.37m,即监测点 A8 处)。

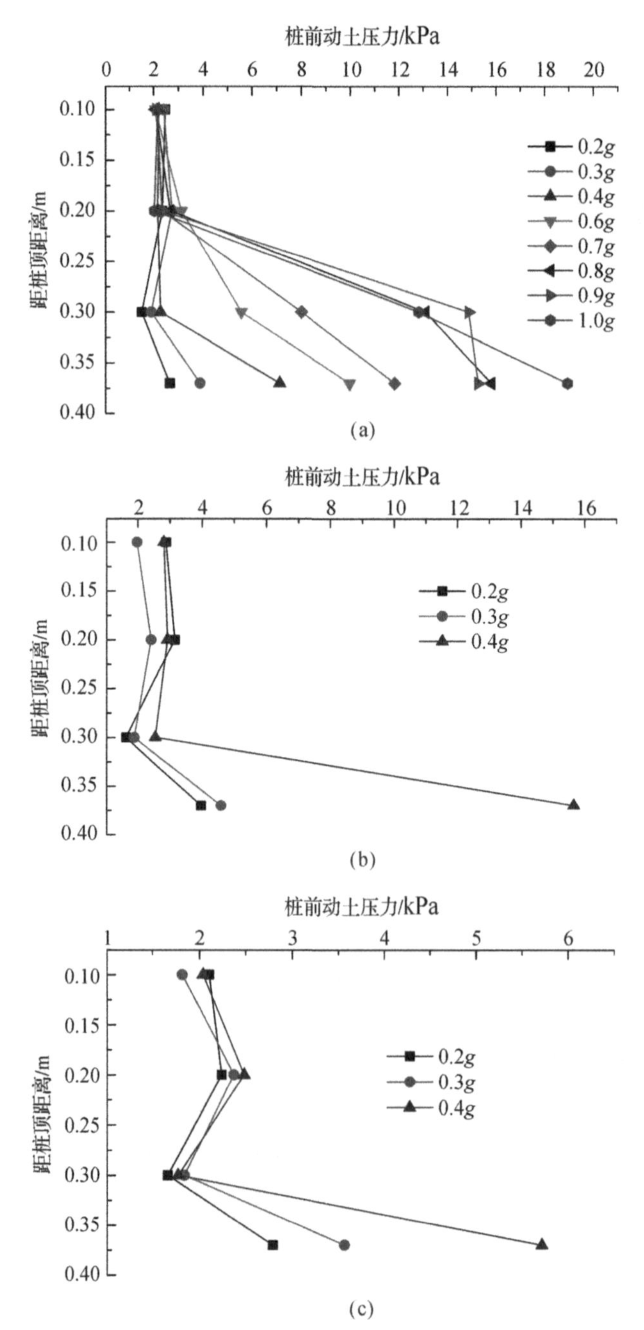

图 6.22　不同地震波下第二排桩前动土压力分布(有锚杆侧)

(a)Wenchuan 波;(b)Taft 波;(c)EI Centro 波

从图 6.21 和图 6.22 还可以看出，在不同地震波作用下，抗滑桩的动土压力响应并不相同（本试验中 Taft 波＞Wenchuan 波＞EI Centro 波）；采用传统的拟静力法进行抗滑桩动力的设计是偏于危险的，无法考虑地震波类型的影响；无论是桩前还是桩后，靠近滑带处的动土压力的水平都较高，因此在进行抗滑桩的抗震设计时，对于该部分桩体应进行加强处理，以保证安全。

2. 第一排桩身动土压力

图 6.23 为第一排桩在不同地震波作用下桩后动土压力峰值分布情况，滑面上方的抗滑桩中部受力最大，桩后推力主要呈抛物线分布。与无锚杆支护侧进行比较后可知，两者分布形式接近，后者的大小约为无锚杆支护侧的 75.1%～82.3%。由于第一排抗滑桩主要承担第一、第二排桩中间土体的推力作用，而该处并没有锚杆支护（见图 6.2），因此与无锚杆侧一样，第一排桩后动土应力在 $0.6g$～$1.0g$ 以后增长迅速，主要原因在于：此时边坡裂缝发育，坡体动力响应比较剧烈。

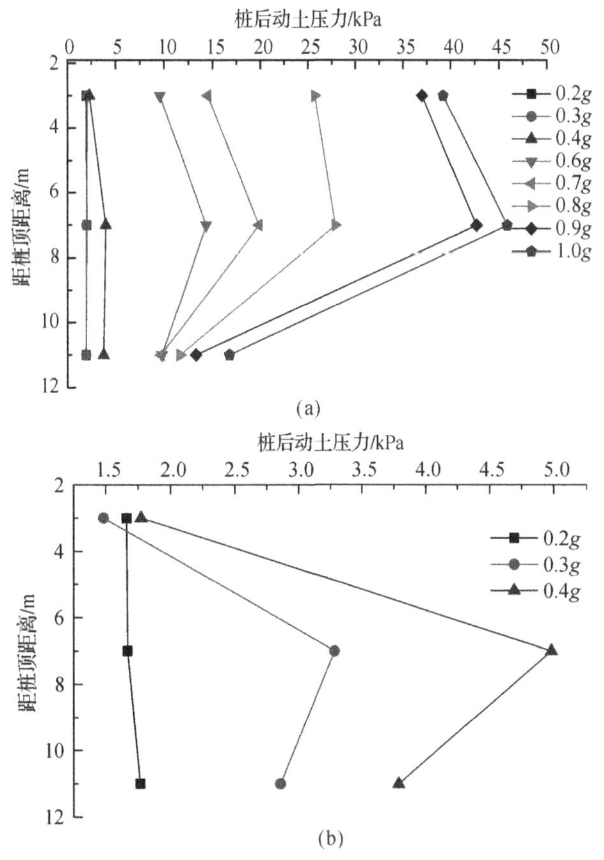

图 6.23　各工况下第一排桩桩后峰值动土压力分布（有锚杆侧）

(a) Wenchuan 波；(b) Taft 波；

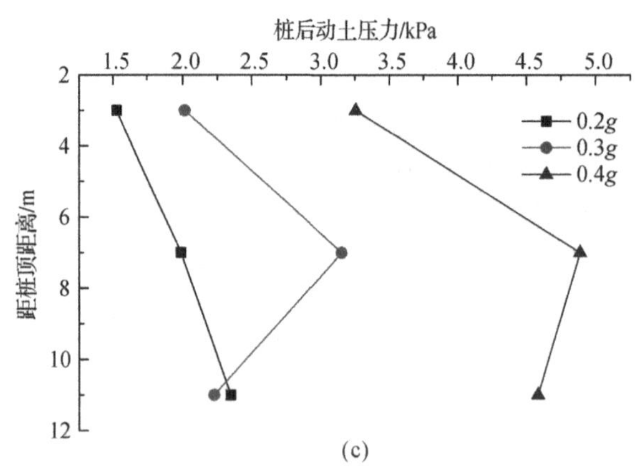

(c)

续图 6.23　各工况下第一排桩桩后峰值动土压力分布(有锚杆侧)

(c)EI Centro 波

将图 6.23 和图 6.20 进行比较后可以看出,两者的动土压力分布形式基本一致,有锚杆侧的数值要略小于无锚杆侧。主要原因在于:第一排抗滑桩在模型试验两侧的环境比较接近,受锚杆支护的影响要小于第二排抗滑桩。

6.7　锚杆受力分析

点 1～监测点 15。图 6.24 为当输入地震波峰值为 0.6g 时,坡面第一排锚杆的自由段(测点 1、测点 2)与锚固段(测点 3)的轴力时程曲线。可以看出,监测点 1 锚杆轴力峰值出现在 4.78s,监测点 2 的锚杆轴力峰值出现在 5.35s,监测点 3 的锚杆轴力峰值出现在 5.47s,其他锚杆试验数据除少数不同外,也有类似的先后顺序。这些数据表明:在地震作用下,由于坡体向外滑动,同一锚杆各处发挥最大抗力具有先后顺序,靠近坡面的锚杆段首先达到最大值,然后依次是后面的自由段、锚固段。

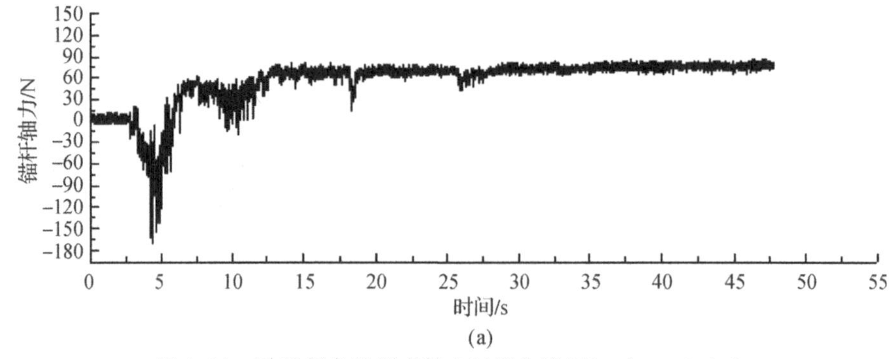

(a)

图 6.24　1[#] 锚杆各监测点轴力时程曲线(Wenchuan 0.6g)

(a)监测点 1

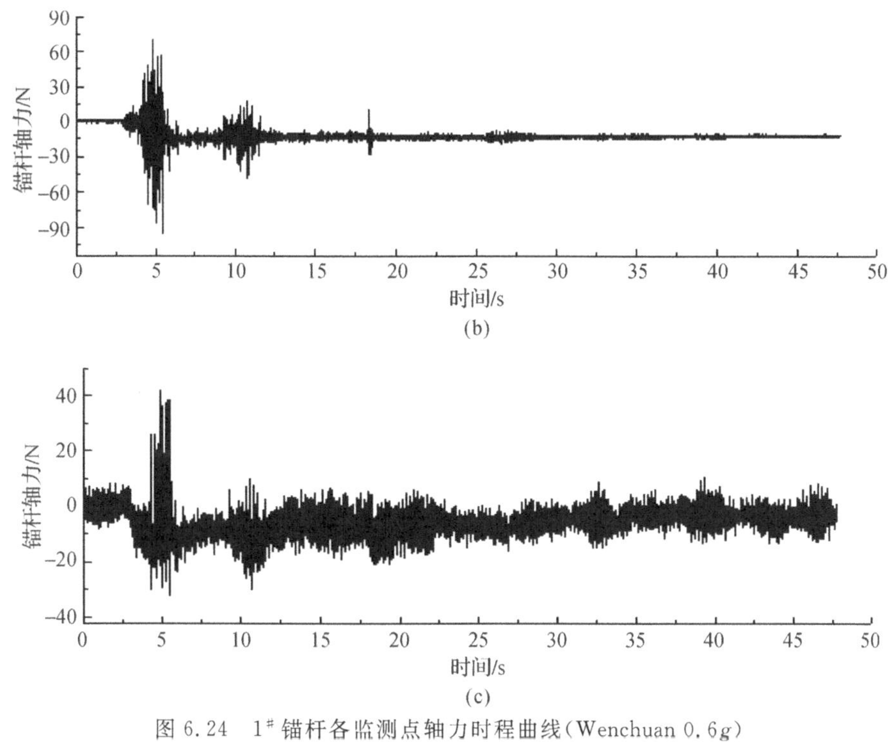

图 6.24　1# 锚杆各监测点轴力时程曲线(Wenchuan 0.6g)

(b)监测点 2;(c)监测点 3

6.8　本 章 小 结

(1)对于单一的抗滑桩支护边坡而言,由于岩土体的抗拉强度比较低,岩土体易发生张拉破坏,加速度响应随着高度的增加有放大效应,在坡顶这种效应往往最明显,由于没有锚杆抵抗地震动这种往复荷载的张拉作用,因此坡体一般先在坡顶产生张拉裂缝(本试验为 0.4g)。当地震动作用继续增大时,拉裂缝向下发展,坡体坡腰、坡脚发生剪切滑移,当裂缝贯通时,边坡发生整体破坏。而对于桩和锚杆联合支护的边坡而言,由于锚杆对地震拉应力的抵抗作用,坡体一般先在坡脚处产生剪切滑移裂缝(本试验为 0.6g)。随着地震动作用的继续增大,坡顶出现张拉裂缝,剪切滑移裂缝沿着坡体向上发展,直到和坡顶的张拉裂缝贯通时,边坡发生整体破坏。

(2)监测点加速度响应能够反映边坡的物理特性:随着地震作用的增大,各监测点的加速度响应越来越明显,监测点位置越高,响应也越大;当坡体产生裂缝或接近最终破坏时,加速度响应规律将出现突变。同时,边坡土体对地震波具有低频放大、高频过滤的特性。

(3) 对于只有抗滑桩支护的边坡而言，临近破坏时滑坡推力主要由靠近滑体的桩体上部承担，因此在进行抗震设计时，桩体上部同样需要加强，而传统设计往往针对桩体中下部进行加强，这在抗震设计实践中是危险的，必须引起重视。

(4) 在地震过程中，由于坡体向外滑动，同一锚杆的不同位置发挥最大抗力具有先后顺序，靠近坡面的锚杆段首先达到最大值，然后依次是自由段、锚固段。在较小的地震作用下，坡面各排锚杆的轴力呈现两头大、中间略小的特点；当地震作用较大时，中下部锚杆轴力增长迅速，此时滑体推力主要由处于坡面中下部的锚杆承担。

(5)在罕见的地震作用(本试验为 1.0g)下，裂缝可能会向深层(本试验为基岩)发展，引起整个结构体的稳定性下降。当遭遇暴雨等不利条件时，可能诱发更大规模的滑坡，这也是四川地区在汶川地震后滑坡泥石流等次生灾害频繁发生的一个重要原因。

参考文献

[1] 赵尚毅，郑颖人，时卫民，等. 用有限元强度折减法求边坡稳定安全系数[J]. 岩土工程学报，2002，23(3)：343－346.

[2] 李光辉. 武隆滑坡特征与稳定性分析[J]. 路基工程，2007，133(4)：172－175.

[3] 林杭，曹平. 锚杆长度对边坡稳定性影响的数值分析[J]. 岩土工程学报，2009，31(3)：470－474.

[4] 郝建斌，李金和，程涛，等. 锚杆格构支护边坡振动台模型试验研究[J]. 岩石力学与工程学报，2015，34(2)：293－304.

[5] SENGUPTA A. Numerical study of a failure of a reinforced earth retaining wall[J]. Geotechnical and Geological Engineering，2012，30：1025－1034.

[6] LAZHAR B，HACENE B，JARIR Y. Internal stability analysis of reinforced earth retaining walls [J]. Geotechnical and Geological Engineering，2011，29：443－452.

[7] 叶海林，黄润秋，郑颖人，等. 岩质边坡锚杆支护参数地震敏感性分析[J]. 岩土工程学报，2010，32(9)：1374－1379.

[8] 唐晓松，郑颖人，王永甫. 土工格栅加筋土挡墙在某机场滑坡治理工程中的应用[J]. 土木工程学报，2011，44(增刊)：60－64.

[9] HAJIMOLLAALI H，ELAHI H，SABERMAHANI M. A study on correlation between safety factor of pile-slope systems and seismically induced displacements of pile groups [J]. Jordan Journal of Civil Engineering，2015，3：371－380.

[10] MUTHUKKUMARAN K. Effect of slope and loading direction on laterally loaded piles in cohesionless soil[J]. International Journal of Geomechanics，2014，14(1)：1－7.

[11] AL-DEFAE A H，KNAPPETT J A. Centrifuge modeling of the seismic

performance of pile - reinforced slopes[J]. Journal of Geotechnical and Geoenvironmental Engineering，2014，140(6)：1 - 13.
[12] 王聪聪，李江腾，廖峻，等. 抗滑桩加固边坡稳定性分析及其优化[J]. 中南大学学报(自然科学版)，2015，46(1)：231 - 237.
[13] TALATAHARI S，SHEIHOLESLAMI R. Optimum design of gravity and reinforced retaining walls using enhanced charged system search algorithm[J]. KSCE Journal of Civil Engineering，2014，18(5)：1464 - 1469.
[14] CHOWDHURY I，SINGH J P. Performance evaluation of gravity type retaining wall under earthquake load [J]. Indian Geotechnical Journal，2014，44(2)：156 - 166.
[15] 文畅平，江学良，杨果林，等. 二级支护边坡重力式挡墙地震动力特性的振动台试验研究[J]. 振动工程学报，2014，27(3)：426 - 432.
[16] 文畅平. 多级支挡结构与边坡系统地震动力特性及抗震研究[D]. 长沙：中南大学，2013.
[17] 赖杰，郑颖人，刘云，等. 抗滑桩和锚杆联合支护下边坡抗震性能振动台试验研究[J]. 土木工程学报，2015，48(9)：96 - 103.
[18] 王新刚，胡斌，连宝琴，等. 碎石土边坡石灰改良与桩锚护坡稳定性数值分析[J]. 岩石力学与工程学报，2013，32(增刊 2)：3852 - 3860.
[19] 张俊，陈志新，门玉明. 锚杆抗滑桩嵌固深度研究[J]. 东北大学学报(自然科学版)：2008，29(11)，1637 - 1640.
[20] 李寻昌，门玉明，何光宇. 锚杆抗滑桩桩侧地层抗力分布模式的试验研究[J]. 岩土力学，2009，30(9)：2655 - 2659.
[21] 何思明，罗渝，何尽川. 一种高切坡超前支护桩的作用机制[J]. 四川大学学报(工程科学版)，2011，43(6)：79 - 84.
[22] 王培勇，刘元雪，冉仕平，等. 主动减压超前支护结构关键问题分析[J]. 重庆大学学报，2011，34(3)：126 - 130.
[23] 欧明喜. h 型抗滑桩力学机理及其工程应用研究[D]. 重庆：重庆大学，2012.
[24] BATHURST R J，KESHAVARZ A，ZARNANI S. A simple displacement model for response analysis of EPS geofoam seismic buffers[J]. Soil Dynamics and Earthquake Engineering 2007，27(4)：344 - 353.
[25] 王凯，郑颖人，王其洪，等. 捆绑式抗滑桩优越性初步研究[J]. 地下空间与工程学报，2008，4(3)：533 - 538.

[26] 苏媛媛，张占民，刘小丽. 微型抗滑桩设计计算方法综述与探讨[J]. 岩土工程学报，2010，32(增刊 1)：223 - 228.
[27] 胡会星. 斜坡地段板椅式新型支挡结构受力机理与设计计算[D]. 成都：西南交通大学，2013.
[28] 周存忠. 地震词典[M]. 上海：上海辞书出版社，1991.
[29] 黄润秋. 汶川 8.0 级地震触发崩滑灾害机制及其地质力学模式[J]. 岩石力学与工程学报，2009，28(6)：1239 - 1249.
[30] 中华人民共和国住房和城乡建设部. 建筑抗震设计规范：GB 50011—2010[S]. 北京：中国建筑工业出版社，2010.
[31] 中华人民共和国住房和城乡建设部. 建筑边坡工程技术规范：GB 50330—2013[S]. 北京：中国建筑工业出版社，2014.
[32] 中华人民共和国交通运输部. 公路工程抗震规范：JTGB 02—2013[S]. 北京：人民交通出版社，2013.
[33] 邓东平，李亮，赵炼恒. 地震作用下边坡稳定性分析的拟静力法研究[J]. 中南大学学报(自然科学版)，2014，45(10)：3578 - 3588.
[34] 凌贤长，王臣，王成. 液化场地桩-土-桥梁结构动力相互作用振动台试验模型相似设计方法[J]. 岩石力学与工程学报，2004，23(3)：450 - 456.
[35] 许谨，郑书英. 边界元法分析边坡动态稳定性[J]. 西北建筑工程学院学报(自然科学版)，2000，17(4)：72 - 75.
[36] 文畅平. 多级支挡结构地震主动土压力的极限分析[J]. 岩土力学，2013，34(11)：3205 - 3212.
[37] 晏启祥，张煜，王春艳，等. 剪切波作用下盾构隧道地震效应的拟静力分析方法研究[J]. 工程力学，2015，32(5)：184 - 191.
[38] 叶海林，郑颖人，黄润秋，等. 强度折减动力分析法在滑坡抗滑桩抗震设计中的应用研究[J]. 岩土力学，2010，31(增刊 1)：66 - 73.
[39] JONATHAN D B, THALEIA T. Pseudostatic coeffcient for use in simplified seismic slope stability evaluation[J]. Journal of Geotechnical and Geo-environmental Engineering, 2009, 135(9): 1336 - 1340.
[40] NEWMARK N M. Effects of earthquakes on dams and embankments[J]. Geotechnique, 1965, 15(2): 139 - 160.
[41] 李红军，迟世春，钟红，等. 考虑时程竖向加速度的 Newmark 滑块位移法[J]. 岩土力学，2007，28(11)：2385 - 2390.
[42] 王秀英，聂高众，王登伟. 利用强震记录分析汶川地震诱发滑坡[J]. 岩石

力学与工程学报，2009，28(11)：2369-2376.

[43] 王涛，吴树仁，石菊松. 地震滑坡危险性概念和基于力学模型的评估方法探讨[J]. 工程地质学报，2015，23(1)：93-104.

[44] STEVEN L K, NILS W L. Dimensionality and directionality effects in newmark sliding block analyses[J]. Journal of Geotechnical and Geo-environmental Engineering, 2004, 130(3): 303-315.

[45] AL-DEFAE A H, KNAPPETT J A. Newmark sliding block model for pile-reinforced slopes under earthquake loading[J]. Soil Dynamics and Earthquake Engineering, 2015, 75: 265-278.

[46] 刘汉龙. 土动力学与土工抗震研究进展综述[J]. 土木工程学报，2012，45(4)：148-164.

[47] 刘红帅，薄景山，杨俊波. 确定岩质边坡地震安全系数的简化方法[J]. 岩石力学与工程学报，2012，31(6)：1107-1114.

[48] 叶海林. 地震边坡稳定性分析及支护结构抗震性能振动台试验研究[D]. 重庆：中国人民解放军后勤工程学院，2011.

[49] 王勖成，邵敏. 有限单元法基本原理与数值方法[M]. 北京：清华大学出版社，1988.

[50] ANDERS A. Laboratory testing of a new type of energy absorbing rock bolt[J]. Tunneling and Underground Space Technology, 2005, 20: 291-300.

[51] 郑颖人. 岩土数值极限分析方法的发展与应用[J]. 岩石力学与工程学报，2012，31(7)：1297-1316.

[52] TAIEBAT M, KAYNIA A M, DAFALIAS Y F. Application of an anisotropic constitutive model for structured clay to seismic slope stability [J]. Journal of Geotechnical and Geo-environmental Engineering, 2011, 137(5): 492-504.

[53] ANDERSEN K H. Bearing capacity under cyclic loading-offshore, along the coast and on land[J]. Canadian Geotechnical Journal, 2009, 46(5): 513-535.

[54] 鲍鹏，苏彩丽，张利伟. 基于时程分析法的刚性桩复合地基地震响应分析[J]. 岩土工程学报，2011，33(增刊2)：485-489.

[55] 王如宾，徐卫亚，石崇，等. 高地震烈度区岩体地下洞室动力响应分析[J]. 岩石力学与工程学报，2009，28(3)：568-575.

[56] 王卫华，李夕兵. 离散元法及其在岩土工程中的应用综述[J]. 岩土工程技术，2005，19(4)：177－181.

[57] 刘小生，王钟宁，汪小刚，等. 面板坝大型振动台模型试验与动力分析[M]. 北京：中国水利水电出版社，2005.

[58] 李海波，肖克强，刘亚群. 地震荷载作用下顺层岩质边坡安全系数分析[J]. 岩石力学与工程学报，2007，26(12)：2385－2394.

[59] 贾超，王振，徐坤. 节理岩体地下洞室稳定性的静动力响应分析[J]. 地下空间与工程学报，2013，9(5)：1011－1018.

[60] 王帅，盛谦，朱泽奇，等. 基于节理摩擦能的地下洞室岩体结构动力稳定性评价[J]. 岩石力学与工程学报，2014，33(增刊2)：4049－4055.

[61] 郑允，陈从新，朱玺玺，等. 基于UDEC的岩质边坡开挖爆破节点拟静力稳定性计算方法[J]. 岩石力学与工程学报，2014，33(增刊2)：3932－3940.

[62] 王桂萱，陈雄，宋力. 地震荷载沉箱码头大变形分析的离散元法初探[J]. 海洋工程，2004，22(4)：131－136.

[63] 徐斌，高亮，雷晓燕，等. 移动荷载与土体中孔洞相互作用的2.5D边界元法分析[J]. 西南交通大学学报，2013，48(4)：659－665.

[64] MOHAMMED Y F, KAIS T S, MADHAT S M. Pile-clayey soil interaction analysis by boundary element method[J]. Journal of Rock Mechanics and Geotechnical Engineering, 2012, 4 (1): 28－43.

[65] 唐洪祥，邵龙潭. 地震荷载作用下顺层岩质边坡安全系数分析[J]. 岩石力学与工程学报，2004，23(8)：1318－1324.

[66] 郑颖人，叶海林，黄润秋，等. 边坡地震稳定性分析探讨[J]. 地震工程与工程振动，2010，30(2)：173－180.

[67] 郑颖人，叶海林，黄润秋. 地震边坡破坏机制及其破裂面的分析探讨[J]. 岩石力学与工程学报，2009，28(8)：1714－1723.

[68] 史石荣，陈林杰，余超. 基于强度折减法的高烈度地震区边坡稳定性分析[J]. 重庆交通大学学报(自然科学版)，2011，30(2)：273－276.

[69] 曹俊. 基于性能的边坡支护结构抗震设计探讨[J]. 工程地质学报，2015，23(5)：844－849.

[70] 刘云. 埋入式抗滑桩动静力稳定性分析[D]. 重庆：重庆交通大学，2013.

[71] 赖杰，李安红，郑颖人，等. 锚杆抗滑桩加固边坡工程动力稳定性分析[J]. 地震工程学报，2014，36(4)：924－930.

[72] CHAU K T, SZE Y L, FUNG M K. Landslide hazard analysis for Hong

Kong using landslide inventory and GIS[J]. Computers and Geosciences, 2004, 30(4): 429 - 443.

[73] SALCIARINI D, GODT J W, SAVAGE W Z. Modeling landslide recurrence in Seattle, Washington, USA [J]. Engineering Geology, 2008, 102(3/4): 227 - 237.

[74] 桂蕾. 三峡库区万州区滑坡发育规律及风险研究[D]. 武汉: 中国地质大学, 2014.

[75] LI L, WANG Y, CAO Z J. Probabilistic slope stability analysis by risk aggregation[J]. Engineering Geology, 2014, 176: 57 - 65.

[76] 胡元鑫, 刘新荣, 蒋洋, 等. 非完整滑坡编目三参数反 Gamma 概率分布模型[J]. 中南大学学报(自然科学版), 2011, 42(10): 3176 - 3181.

[77] 赵晓铭, 李锦辉. 降雨诱发滑坡的实时概率分析[J]. 地下空间与工程学报, 2012,8(增刊 2): 1690 - 1694.

[78] HAMM N A S, HALL J W, ANDERSON M G. Variance-based sensitivity analysis of the probability of hydrologically induced slope instability [J]. Computers and Geosciences, 2006, 32: 803 - 817.

[79] MIRO S, KONIG M, HARTMANN D, et al. A probabilistic analysis of subsoil parameters uncertainty impacts on tunnel-induced ground movements with a back-analysis study[J]. Computers and Geotechnics, 2015, 68: 38 - 53.

[80] KNABE T, SCHWEIGER H F, SCHANZ T. Calibration of constitutive parameters by inverse analysis for a geotechnical boundary problem[J]. Canadian Geotechnical Journal, 2012, 49(2): 170 - 83.

[81] ZANGANEH R, KAMALI M. Probabilistic stability analysis of naien water transporting tunnel and selection of support system using TOPSIS approach [J]. Indian Geotechnical Journal, 2013, 43(3): 218 - 228.

[82] 叶海林, 郑颖人, 杜修力, 等. 边坡动力破坏特征的振动台模型试验与数值分析[J]. 土木工程学报, 2012, 45(9): 128 - 135.

[83] 杨国香,伍法权,董金玉, 等. 地震作用下岩质边坡动力响应特性及变形破坏机制研究[J]. 岩石力学与工程学报, 2012, 31(4): 696 - 702.

[84] 赵安平,冯春,李世海, 等. 地震力作用下基覆边坡模型试验研究[J]. 岩土力学, 2012, 33(2): 515 - 523.

[85] 曲宏略. 桩板式抗滑挡土墙的振动台试验和抗震机理研究[D]. 成都: 西南交通大学,2013.

[86] 黄胜. 高烈度地震下隧道破坏机制及抗震研究[D]. 武汉：中国科学院武汉岩土力学研究所，2010.

[87] 姚爱军，史高平，梅超. 悬臂抗滑桩加固边坡地震动力响应模型试验研究[J]. 岩土力学，2012，33(增刊 2)：53－58.

[88] 赖杰，郑颖人，刘云，等. 地震作用下双排抗滑桩支护边坡振动台试验研究[J]. 岩土工程学报，2014，36(4)：680－686.

[89] 赖杰，郑颖人，刘云，等. 抗滑桩和锚杆联合支护下边坡抗震性能振动台试验研究[J]. 土木工程学报，2015，48(9)：96－103.

[90] 李祥龙. 层状节理岩体高边坡地震动力破坏机理研究[D]. 武汉：中国地质大学，2013.

[91] 程嵩. 土石坝地震动输入机制与变形规律研究[D]. 北京：清华大学，2012.

[92] LIU H，NEZILI S. Centrifuge modeling of underground tunnel in saturated soil subjected to internal blast loading [J]. Journal of performance of constructed facilities，2015，32(2)：987－1012.

[93] 赵尚毅，郑颖人，李安洪，等. 多排埋入式抗滑桩在武隆县政府滑坡中的应用[J]. 岩土力学，2009，30(增刊)：160－164.

[94] 中华人民共和国住房和城乡建设部. 建筑抗震设计规范：GB 50011—2001[S]. 北京：中国建筑工业出版社，2002.

[95] 刘汉龙，费康，高玉峰. 边坡地震稳定性时程分析方法[J]. 岩土力学，2003，24(4)：553－556.

[96] 郑颖人，叶海林，黄润秋. 地震边坡破坏机制及其破裂面的分析探讨[J]. 岩石力学与工程学，2009，28(8)：1714－1723.

[97] 王光勇，顾金才，陈安敏. 端部消波和加密锚杆支护洞室抗爆能力模型试验研究[J]. 岩石力学与工程学报，2010，29(1)：51－58.

[98] SERGIO A S，MURPHY W，JIBSON W R，et al. Seismically induced rock slope failures resulting from topographic amplification of strong ground motions：the case of Pacoima Canyon，California Engineering[J]. Geology，2005，80：336－348.

[99] 赵尚毅，郑颖人，李安洪，等. 多排埋入式抗滑桩在武隆县政府滑坡中的应用[J]. 岩土力学，2009，30(增刊 1)：160－164.

[100] 黄润秋，李为乐. “5·12”汶川大地震触发地质灾害的发育分布规律研究[J]. 岩石力学与工程学报，2008，27(12)：2585－2591.

[101] 周德培，张建经，汤涌. 汶川地震中道路边坡工程震害分析[J]. 岩石力学与工程学报，2010，29(3)：565－576.
[102] 刘晓敏. 大型地下洞室群地震响应物理模型试验研究[D]. 武汉：中国科学院大学，2013.
[103] 王志华. 大型工程土与结构动力相互作用的理论和试验研究[D]. 南京：河海大学，2005.
[104] 徐炳伟. 大型复杂结构-桩-土振动台模型试验研究[D]. 天津：天津大学，2009.
[105] 张敏政. 地震模拟实验中相似律应用的若干问题[J]. 地震工程与工程振动，1997，17(2)：52－57.
[106] 周德培，张建经，汤涌. 汶川地震中道路边坡工程震害分析[J]. 岩石力学与工程学报 2010，29(3)：565－576.
[107] 季倩倩. 地铁车站结构振动台模型试验研究[D]. 上海：同济大学，2002.
[108] 徐炳伟. 大型复杂结构-桩-土振动台模型试验研究[D]. 天津：天津大学，2009.
[109] 林皋，朱彤，林蓓. 结构动力模型试验的相似技巧[J]. 大连理工大学学报，2000，40(1)：1－8.
[110] 王永志. 大型动力离心机设计理论与关键技术研究[D]. 哈尔滨：中国地震局工程力学研究所，2013.
[111] 赵冬冬. 城市地铁地下结构地震反应的试验研究与数值模拟[D]. 北京：清华大学，2013.
[112] 程嵩. 土石坝地震动输入机制与变形规律研究[D]. 北京：清华大学，2012.
[113] 王明年，崔光耀. 高烈度地震区隧道设置减震层的减震原理研究[J]. 土木工程学报，2011，44(8)：126－131.
[114] 孙铁成. 双洞错距山岭隧道洞口段地震动力响应及减震措施研究[D]. 成都：西南交通大学，2006.
[115] 王明年，崔光耀. 高烈度地震区隧道设置减震层的减震原理研究[J]. 土木工程学报，2011，44(8)：126－131.
[116] 孙铁成. 双洞错距山岭隧道洞口段地震动力响应及减震措施研究[D]. 成都：西南交通大学，2006.
[116] 何川，李林，张景，等. 隧道穿越断层破碎带震害机理研究[J]. 岩土工程学报，2014，36(3)：427－434.

[117] 罗永红. 地震作用下复杂斜坡响应规律研究［D］. 成都：成都理工大学，2011
[118] 叶海林，郑颖人，李安红，等. 地震作用下边坡抗滑桩振动台试验研究［J］. 岩土工程学报，2012，34(2)：251－257.